U0149427

食在宫廷

增补新版

爱新觉罗·浩 著

马逖伯昌 料理校订

王仁兴 译

图书在版编目（CIP）数据

食在宫廷：增补新版／（日）爱新觉罗浩著；马迟伯昌料理校订；
王仁兴译. —2 版. —北京：生活·读书·新知三联书店，2020.8
ISBN 978 - 7 - 108 - 06840 - 8

Ⅰ.①食…　Ⅱ.①爱…②马…③王…　Ⅲ.①宫廷御膳－食谱－中国
Ⅳ.① TS972.179

中国版本图书馆 CIP 数据核字（2020）第 083987 号

责任编辑　徐国强
装帧设计　刘　洋
责任校对　曹忠苓
责任印制　徐　方
出版发行　**生活·讀書·新知** 三联书店
　　　　　（北京市东城区美术馆东街 22 号 100010）
网　　址　www.sdxjpc.com
图　　字　01-2019-5184
经　　销　新华书店
印　　刷　北京隆昌伟业印刷有限公司
版　　次　2012 年 10 月北京第 1 版
　　　　　2020 年 8 月北京第 2 版
　　　　　2020 年 8 月北京第 2 次印刷
开　　本　880 毫米 × 1230 毫米　1/32　印张 8
字　　数　175 千字　图 106 幅
印　　数　10,001－16,000 册
定　　价　48.00 元
（印装查询：01064002715；邮购查询：01084010542）

目　录

中国烹调中的思乡情

——《食在宫廷》面世 50 年

◎ 何大章

2009 年的最后几天里，高惠京女士来找我。她递到我手里的是一本 1988 年中文版的《食在宫廷》。我对烹饪素无研究，也很少下厨房，所以十分诧异。然而，书名是溥杰先生题写的，著者是爱新觉罗·浩，这二位我是知道的。

高女士不知通过什么渠道，得知近期我与溥杰的女儿嫮生有过接触。为了再版这本书，他们想通过我征得嫮生的同意。我给嫮生写了信，她很爽快地同意了再版的请求，并且主动给我快递了日本 1996 年版《食在宫廷》的增补本。

此后，我在一年间几次写信给嫮生，不断代出版社提出一些要求。后来，连我自己都有些不好意思了，嫮生却不厌其烦地一件件满足，而且总是那么客气、周到。

中国末代皇帝溥仪的生父、摄政王载沣是嫮生的祖父。载沣的后裔和亲属中，很多人我都见过面。1988年，我到北京市政协担任研究室主任，载沣的四子溥任先生是政协委员，我曾随他到摄政王府及其附属建筑中一一浏览。几年后，我调到了宋庆龄基金会系统。1997年年初，我被安排到宋庆龄故居当主任。巧的是，宋庆龄故居正是当年摄政王府的西花园，载沣晚年就住在这座院子里。载沣的后代找到我，希望能进院参观、怀旧。我说："这本来就是你们的家。只要我在这里，你们什么时候来都没问题。"于是，此后每年溥任先生和家人都会来几次，有时还是家族的聚会。

2005年，溥杰先生的女儿福永嫮生来到西花园。我在小竹林的贵宾室和她见面。嫮生显得很年轻，兴致也很高。和她一起来的有她的舅舅嵯峨公元先生、丈夫福永健志先生，还有她充满朝气的儿子。载涛先生的后裔金靖宇先生一直陪同他们一行。溥杰出生在摄政王府中，幼年时曾在西花园玩耍。载沣晚年在西花园居住了十年，小嫮生曾经牵着母亲的手到这个院子里看望过祖父。对于这里的一砖一瓦、一草一木，嫮生有着太多的思念。

2007年，我和几位同事去日本，其间我决定专程到兵库县去看望嫮生女士。按照约定的时间，按响门铃，我们走进嫮生温暖的家。嫮生已经为我们准备好精致的点心，又为我们斟上茶。她说知道我是北京人，所以特地准备了北京人最爱喝的茉莉花茶。一句话让我想起了礼貌周全的老北京。其实生活工作的紧张、繁忙，使我早就不再坚持北京人的传统，而变成了有什么茶就喝什么。而一杯久违的花茶入口，还是使人感慨良多。入座后，按照礼数，我先问候长辈："公元先生身体好吗？"嫮生回答说："他已经去世了。"料定我接下来肯定要问候她的丈夫，所以嫮生索性告诉我："福永健志也去世了。"我大吃一惊。仅仅两年，那么阳光、健康的两个人就都去世了，真令人难以置信。嫮生遭此变故，居然能调整好自己的状态，勉力维持这样一个家的正常运转，不给孩子们带来后顾之忧，这需要多么大的毅力！

溥杰是宣统皇帝的弟弟、摄政王载沣的第二子；嵯峨浩是侯爵家的千金，与日本皇族有着密切的关系，后来嫁给了溥杰。嫮生出生在这样一个家庭，按常理应当是无忧无虑、锦衣玉食。但是，由于赶上了一个动荡的年代，他们一家人命途多舛、灾难连连。

无论是中国传统的习惯，还是日本现在还在遵循的规矩，女子出嫁后都要奉夫姓。所以，嵯峨浩嫁给了溥杰，便成了中国人，改叫爱新觉罗·浩。爱新觉罗·嫮生嫁给了福永健志，便成了日本人，改叫福永嫮生。

《食在宫廷》这部书是一本关于宫廷饮食文化的书，其中似乎只在讲做菜。其实，和一代代流传下来的那些只谈风月的著作一样，真实的感情深藏在文字的背后。自从嫁给溥杰，嵯峨浩就认定自己是中国人的一员，尽管她为此吃尽了苦头，遥远的中国仍然寄托着她深深的思念。在她写作这本书时，由于历史的原因，日夜思念的丈夫正在战犯管理所服刑，她所了解的那个中国已经灰飞烟灭，而新的中国她又回不去。这位感情细腻的女子居然把激情调动到了舌尖。每记录一道菜，她的笔端都饱蘸着对北京的思念，脑海中都不禁浮现出挥之不去的人、事、场景……在特殊的时期，浓浓的思乡之情就是这样通过对烹饪的记录曲折地体现出来。她曾说，《食在宫廷》是她送给中国的一份礼物。

1961年，溥杰被特赦，成为自由人。对于中国的爱，使嵯峨浩毫不迟疑地踏上归途。1961年5月，她和嫮生一起回到中国，并坚定地要求自己的女儿也要嫁给中国人，永远留在中国，而嫮生则有着不同的想法。

1940年，仅有三个月大的嫮生便随父母来到中国，直到1947年1月。其间，她只在3岁时随父母短期回过一次日本。这6年多，嫮生在中国度过的是不堪回首的童年。特别是1945年日本投降后，嫮生跟着嵯峨浩，在1年零5个月里逃亡6000公里。有过衣食无着的艰难，受过枪林弹雨的威胁，特别是"通化事件"中，与她们一起逃亡的溥仪的老奶妈，被炮弹炸飞右臂，满身鲜血、尖声号叫，最终疼死在她们身边。这些强烈的刺激，使嫮生对中国没有兴趣。而且由于此后在日本生活多年，她已经不会使用中文，交流上有障碍。她不愿留在中国。

周恩来总理理解嫮生的想法，他委婉地规劝溥杰和嵯峨浩："嫮生愿意回去，可以让她回去，不要勉强她留下。青年人变化多，以后想来，随时都可以申请护照。如果不来中国，同日本人结婚，又有什么不好？唐太宗把公主嫁给西藏王，汉藏通婚。嵯峨家把女儿嫁给爱新觉罗家。爱新觉罗家的女儿又嫁给日本人，有什么不好呢？"

当时中日还没有恢复邦交。周总理对嫮生说："年轻人的命运应该由自己掌握。回到日本比较一下，觉得中国好，还可以再回来，来去自由。"周恩来总理的一席话，让嫮生心中暖融融的。她说："我们家里每个人的心情他都考虑到了。我从心底尊敬周总理。"周恩来总理还特意送给嫮生一张名片，作为她可以自由往来中日之间的承诺。

46年后，当我在日本见到嫮生时，她又小心地捧出这张名片——这是她最珍贵的藏品之一。嫮生再次由衷地对我说："我永远感谢周恩来总理！"

正是周恩来总理对爱新觉罗家族——特别是对嵯峨浩的劝解和承诺，使嫮生安心地回到了她熟悉的日本。她与青梅竹马的福永健志组成了幸福的家庭，养育了五位健康快乐的子女，度过了一段安定的生活。

溥杰、嵯峨浩、嫮生，这一家人有着很一致的性格特点。他们待人都很温和、礼貌周全，内心却十分坚强。他们的人生经历了坎坷，但当新的历史展开时，他们为中日友好的焦虑、热心和奔忙又是那样执着。

新版中译本《食在宫廷》和大家见面了。那一道道精致的美味佳肴，都是充溢在舌尖上的深深的思乡情啊！我愿借此书的出版，祈祷中日世代友好，这也是浩写作这本书的初衷。

2011 年 1 月 30 日

《食在宫廷》与我的母亲

◎ 福永嫮生

时光飞逝，我的母亲——爱新觉罗·浩在北京去世，到今年（1996年）已经十年了。

母亲教给了我很多知识，也留给我很多回忆。其中，跟着母亲学习中国烹调，或者说同母亲一起学习中国烹调的情景，成为亲爱的母亲留给我的快乐回忆。现在，这些都是我最宝贵的财富。

这次有机会与学生社合作，再版昭和三十六年（1961）由妇人画报社首次出版发行的母亲所著《食在宫廷》一书，我久违地将此书从书架上拿下来，又读了一遍。

读着读着，母亲做饭的样子以及写作此书时的情景，就好像昨天刚发生一样，重新浮现在眼前。

母亲一直很喜欢做菜，她会给外祖母做菜让她带到同学会上，有时还会在日吉的院子中挖个坑，做烤全羊来招待朋友。

溥杰和爱新觉罗·浩夫妇的女儿福永嫮生

　　不管是在日本还是在北京，在生病住院前，母亲总会在院子里种满堇草、铃兰、松叶树、樱草、牵牛花、向日葵和波斯菊，给它们浇水，让它们在庭院中盛开。晚餐的时候，在院子里摆上饭菜，同那些临时来访的朋友一起，度过充满笑声、愉快的晚餐时间。

　　在这里我想向读者朋友们介绍从母亲那里学到的一个菜，这个菜很受欢迎，名字叫"菜包"。

　　（1）将炒锅加热，放入油，再倒入用盐和胡椒调好的鸡蛋液，稍微煎一下之后用细筷子将煎好的鸡蛋弄碎，然后盛到盘中。

　　（2）将切成碎末的火腿、培根、烤猪肉和干香菇（用水泡过的）用油炒一下，然后将（1）中的鸡蛋和米饭加进去，做成炒饭。

　　（3）在碎芝麻中加入盐、酱油、少许日本酒和少许料酒，在莴笋叶（慈禧太后时代用的是白菜叶）上放上一片紫苏叶，再将刚才调好的芝麻酱调味汁抹在上面，将炒饭包入其中。

当夏天没有食欲的时候，吃上这样的包饭，如果再准备一盘盐水煮毛豆或者一杯啤酒，就完全可以在家里的小花园搞聚会了。

在校对这本书、整理母亲的照片和手稿时，我发现了她写的关于"菜包"的手稿。那是在1994年2月父亲去世后，我们在北京的家中整理时发现了放在抽屉中母亲还未整理和发表的手稿。本书中的《承德避暑山庄的回忆》也是那次在抽屉中发现的，这次一并补充进来。

在没发表的原稿中，有关于"菜包"的记载，但是题目却是"包饭"。据说这样的饭食是"作为野战料理用手吃"的，而且是"在过去，太宗皇帝在□□□□□□吃过的一顿饭。为了永远纪念那个日子，并让子孙们都牢记曾经受过的苦难，宫中规定六月十五日大家都吃这道菜"。

几天后我们又找到了以下手稿。

菜包

（在宫廷菜中被称为"菜包鸽松"）

话说明朝万历四十六年（1619[1]）七月五日，老汗王（即太祖高皇帝）带兵打到鸦鹘的清河（鸭绿江）时，扎营的地方没有蔬菜和肉类，于是清河的农民就将鸽子肉和白菜、紫苏叶、米饭一起献上。老汗王非常高兴，命令大家将鸽子烤了，跟冰凉的蔬菜

---

[1] 万历四十六年：日文版原文如此，应为1618年。——译者注（全书下同）

和米饭一起，用白菜或者紫苏叶将米饭和鸽子肉包起来吃。在疲惫的时候能吃到这样的东西，士兵们感到味美无比。在后来的战斗中，老汗王的军队顺利打败了敌人，获得了胜利。于是老汗王命令，每逢七月五日王子们都要吃菜包，不能忘记清王朝创业时的艰辛。从此之后，满族人都遵从此命令开始吃菜包了。

当然在清朝的皇室中，每年都会举行相应的仪式。我也在七月五日当天吃过菜包，听先皇讲述当年的故事。

西太后按照当时的规矩，将当年的菜包加以改良，做成了一道奢侈的美味。最初本来是很简单的一道菜，后来加入了各种蔬菜和肉类。原本只用鸽子肉，后来经西太后的发明，用油炸的鸽子肉，所以就有了"菜包鸽松"这样的宫廷菜特别名称了。

这两篇文章中，到底是六月十五日还是七月五日，我就不知道了。这本书不仅介绍美味的做法，还介绍清朝的历史源流和皇帝的日常生活。而且，这本书中介绍的美味都是母亲在宫中亲自品尝过并听说过很多故事的美味，跟普通的中国烹调书有所不同，读起来会非常有趣。

最后，我想感谢为母亲这本书再版而不遗余力的马迟伯昌先生、嵯峨公元先生和学生社的各位先生。希望这本书能给学习中国烹调的朋友们一点帮助。

回到中国后

我把这本书的手稿作为礼物从日本带来，于 1961 年 5 月 17 日回到了 16 年来日夜思念的中国首都北京。虽然东京的朋友们临别时说："您又开始了新的漂泊啊……"

丈夫和亲戚早在一个月前，就在广州的大群饭店等我们（母亲、四妹、娉生、宫下）。由于我第一次经香港回国，因此英国领事馆也很担心。还有各种原因，所以直到 11 日出发的那天还没有签证。

当进入广东的手续齐备后，入境时我和孩子早一天、母亲第二天才入境。12 日，我和孩子在广州站终于见到了分别 16 年的丈夫。庆幸团聚之际，丈夫见到的竟是慧生的骨灰，我歉疚得一句话也说不出，心疼的泪水不住地往下淌。丈夫也激动得说不出话，他紧紧抱着生前曾无比思念他的女儿的骨灰，热泪滴落。

溥杰、爱新觉罗·浩与女儿慧生

1961年5月，分别16年后，即将与丈夫溥杰团聚的爱新觉罗·浩，同女儿嫮生在开向广州的列车上

我们三口悲喜交加，就这样默默地回到饭店。

那天晚上，我们叙说着16年来的一天、一天又一天，一家三口彻夜未眠……

亲戚们还像16年前那样真诚地待我们、欢迎我们。为中日两国的友好而尽力，应当是我后半生的工作。我不禁感到，从现在开始，我能得到真正的幸福了。不管怎么说，那广袤的大地、宽阔的胸怀，其气魄之宏伟，是日本不能比拟的。

在广州时，尽管人们再三说："不尝尝猴头和蛇餐吗？"但我始终没有拿出那种勇气。朋友们还劝我们在广州多待几天，但是由于我们想早一点儿见到亲戚，便谢绝了他们的美意，刚过三天便乘上了北去的列车，就这样终于来到了北京。在北京站，我们受到了许多人的欢迎，当时的情景真是激动人心啊！

北京建起了一幢幢崭新的西式大厦，宽阔而清洁的马路，故宫的殿顶金光闪耀，金水河边的古树枝叶在微风中沙沙作响。我们呼吸着新中国的清新空气，伴着古都北京那多姿的身影，不知不觉中便到了家门，心中真是舒畅极了。

我们住的地方是父亲——醇亲王——生前购置留下的房子。其外表是纯中国式的，里面是在政府的关照下改建而成的西式装修，其中的物品还留着。到家后，我立即把从东京带来的贞明皇后[1]赐的宫廷树苗栽植在庭院中，亲戚们也移植了一些过去宫中的树。

为了使我能有写作的时间，我们请了一位女士来料理家务。有了这位女士，我就用不着下厨房了。但是由于亲戚等天天招待

---

[1] 日文原版如此，但贞明为昭和天皇之母，故应作"贞明皇太后"。后面《清朝的历史与食事》一文亦应作"贞明皇太后"。

这是溥杰夫妇在宅前与亲友合影

在北京自家庭院中的溥杰和
爱新觉罗·浩

我们，所以我连写信的时间也没有，更不用说写书了。因此，本想在 6 月写完的这本书，却没能交稿。

我在北海公园品尝了正宗的北京菜，我觉得这些菜点与本书中记叙的宫廷美味非常相似。

在这里主理厨政的师傅，据说是当年宫廷的御厨师。出自他们手中的菜点，依然散发着宫廷美味的清香。我们品尝的妙馔中，还有些是本书未提到的。如以各种水果做的果汁和用栗子精制而成的小点心等。我们在湖边一边品味着这些宫廷珍馐，一边想起了 16 年前……

由于连续两年的自然灾害，使得制作宫廷菜点所需的原料奇缺，因而无法做出这些宫廷菜点的特殊风味，但周围的景色却依然是那样秀丽。这令我们感慨万千，不禁吟出这样的诗句："年年岁岁花相似，岁岁年年人不同。"

我们还品尝了广东菜、四川菜以及各地的名菜。广东菜中不少小点心同北京的不一样，而且很少见。四川菜用的辣椒特别多，吃起来很辣。正好我回北京的时候大街上卖荔枝，买来后与孩子边吃边聊，还聊起了当年杨贵妃每日命驿骑从广东不断送荔枝的故事。

在一次宴会上，我还尝到了来自松花江的鳇鱼唇和银耳汤，这在东京是难得的佳肴。在周总理的招待宴会上，还上了我在书中提到的鲥鱼。有些地方好像没写到，这里再补充说明一下。鲥鱼是一种长约一尺五寸、像鲤鱼那样的有鳞的鱼，整条鱼加上料酒、精盐、大葱和鲜姜上笼蒸熟。

不去鳞，鳞片可以吃是这个菜的一大特色，其味如加吉鱼（鲷鱼），放过油的鱼肉雪白而鲜嫩，非常可口。如果用鲥鱼做生鱼片，

周恩来总理接见载涛、溥仪、溥杰等人。前排右起：溥杰、浩、周恩来、嵯峨尚子（浩的母亲）、载涛、老舍、溥仪

相信一定会好吃。

　　老舍先生和曹禺先生等著名文人也同席在座，周总理以"王宝钏"的故事（等了丈夫18年，夫妇终于团圆，那时丈夫当了皇帝，妻子成了皇后）为例，笑着说："你们不是当了皇帝，而是成为中华人民共和国的光荣的公民呀！""比起王宝钏，你们还早两年呢！"总理早年曾在日本留学一年，住在神田，非常喜欢日本的炸虾大碗盖浇饭、鸡素烧和羊羹。总理又说："下次到你们家，可要请我们品尝日本菜呀，也要请老舍夫妇啊！"谈到我回东京的娘家时，总理说："到了日本如果叫我，那么我一定去，不过你们不会让我在门外久等吧。"

　　因为不了解北京的情况，所以有关日本宴席的餐具和烹调器具这次一样也没带来，况且原料也没有。像调味用的木鱼干和海带菜啦等。我想起了临回国时吃的日本著名的"辻留"美味，但一想味道是由水来决定的，并且现在什么鲜鱼也没有，看来这道菜也做不了。同席的廖承志部长说："那就从东京运点日本酱和酱油之类的东西吧！"还说："日本船正不断地到中国来。"

总理家乡的豆腐菜非常好吃。那是将豆腐放进砂锅里，然后上火煮，再放入泥鳅，泥鳅在锅内乱窜，就会钻进豆腐中，于是豆腐就变得格外可口了。这在日本菜中也有，记不清什么时候了，我曾向餐馆的厨师打听用这种方法做成的豆腐居然不碎是否有什么秘诀。据今天这位师傅说，豆腐有老有嫩，先把泥鳅弄晕，它就会乖乖地往豆腐里面钻了。

在这里，自己经常要做面筋，颇有日本京都风味。现在，人民正在克服连续两年的旱灾，满怀豪情地从事国家建设，高级干部们也去乡村支援农业，情景十分感人。从这以后，大街上逐渐听不到叫卖声，像从前那样在路上几乎没什么卖东西的了。

7月5日，"宣统帝"（溥仪）到我家来玩，并在庭院同我们一起共进晚餐。过去"宫内府"的人也来帮忙烹调，周总理还派人送来人参酒和贵州的茅台酒。相隔很久，我们又吃到了当年家里面的菜。酒的品种很多，以后如果有机会，我也想谈谈酒。我本想写一下这天的菜单，但是太长了，印象中光冷菜就做了八道，热菜十五道，主食五样，最后还上了干菠菜馅的包子。

回到中国菜的发源地，我想不论多少总是能够学会几样的。因为庆幸能来到这样得天独厚的地方，所以便满怀种种希望而快乐地生活着。丈夫也花了三年多的时间写完了一本巨著，将在明年以他哥哥的名义出版。他今年一年已有写作计划，因此在烹调

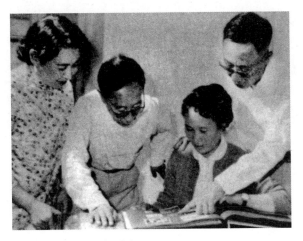

溥仪、李淑贤夫妇在溥杰家中

爱新觉罗·浩和女儿嫮生与温师傅在北京的家中留影。温师傅是周总理派来专门教她们
做点心的北海公园仿膳饭庄的师傅，曾在清宫为西太后做点心

写作方面就不能帮我的忙了，但我却因为有了帮手而感到高兴。如果日本料理的老师们也能到这里来并出版著作，那将会为中日两国的文化交流做出贡献。我也是怀着这样的想法来研究中国菜，并希望能将成果传播到日本。

现在，北京虽然有各种民族风味的餐馆，却没有一家是日本风味的。因此朋友们来到我家，我想可能会出现这种情况：只要是日本饭菜，不管什么都可以。

愿中日两国早日实现邦交正常化！

1961 年 7 月 10 日

开篇

清朝的宫廷

现在，世界各国的人们对于中国的看法是怎样的呢？因为我不是记者，所以对这个问题也许没有详细回答的资格。

但是，我住在中国的邻邦日本，有时同日本身居要职的人士会面。使人感到意外的是，这些人对于中国的认识是基于误解的，我时常对此感到惊讶。况且这种认识一涉及清朝宫廷，说是没有准确知晓实情的人也是可以的。不论是好的意思还是坏的意思，总之那是因为中国最后的王朝——清朝——是专制时代的缘故。

因此，在当时关于皇帝和皇室的一切都是神圣的。不用说去看北京的皇宫紫禁城，就连关于宫廷生活的文献也几乎没有发表过。因为在正史中只保留着政治方面的记载，所以关于皇帝的个人生活及其每天的起居习惯更是鲜为人知。

所以，一谈到皇室内部的事，如果除去一部分慈善家的研究，还是像"后宫佳丽三千人"那样古老而又富有诗意的夸张的看法占了上风。而更有甚者,有人竟把皇宫想象得像龙宫和神仙住的地方一样。对皇帝的饮食及其日常的起居活动,像闹剧性小说那样来加以形容。

如果在外国摄制的关于皇室的影片中也有这种错误的话,我想我一下就可以看出来的,不过我自己也并不是没有过这种错误的认识。

然而,我在1938年[1]和清朝末叶的皇弟溥杰结婚并成为"满洲宫廷"[2]的人以后,因为经常在皇帝的左右,所以能够直接看到皇帝行事并推想清朝时的情况,因而感到以往我听到的和实际情况完全不同。

毋庸置疑,当时的"满洲宫廷"使人感到日薄西山。虽然它已经完全不能同清朝的全盛时期相比,但至少使我得到了目睹这一典型事物的机会。

再有我的丈夫溥杰因为能够从皇帝身边服务的老人们那里听到,或者是从留下的历史文献中看到,因此我想他是能够知道清朝的真实情况的。

但是,想想看关于中国的宫廷问题,恐怕已经有了把误解招至民间的种子。除了上古时代,在中国的历代王朝中,保持兴盛与繁荣的是西汉、唐、宋和明四个朝代。即使提起其中最后一个繁荣时期,即离现在最近的明朝,我想也是有误解的种子的。

比如在明朝曾经有所谓"选秀女"的事。所谓"选秀女",简

---

[1] 日文版原文如此,据有关文献应为1937年。
[2] 即伪满洲国的宫廷。下同。

紫禁城午门旧影（1900）

伪满皇宫正门旧影

单地说，便是从民间挑选能在宫廷中使用的女子。明朝规定：在宫廷中使用从 16—26 岁的女子。一到 26 岁，除了自动效力者以外，其他的必须一律离开宫廷。[1]

按照这一规定，十年一次挑选能在宫廷中服务的女子，但实际上却并非如此。被选中的女子，一旦进入宫中，便有因不堪忍受宫中的规矩而死的，也有因犯了罪而被判为死刑的，还有由皇帝作为赏品而赐给臣下的。因此在不到三年的时间里，宫中的女子便会所剩无几，于是还得再选。

因为"选秀女"对老百姓来说是完完全全的虐政，所以当年的"选秀女"便成为天下的一件大事。当年 13 岁以上的女子都被禁止结婚，在有 13 岁以上年龄的姑娘的家庭中，家长要填写名簿，然后送到县府，各县县官再请从宫廷派来的太监看名簿。

于是便出现了问题。因为任何人都不愿意和自己的女儿分别，所以有怨恨的人家便相互告密，富豪之家便用金钱来贿赂太监以求放过爱女，或者是用买下的穷人家的姑娘来顶替。

另外，太监盛气凌人欺辱百姓，地方官则仰仗太监的权势而胡作非为。这样选秀女的结果是：社会陷于混乱，有的富豪变成贫民，有的贫民则变成富豪，坏事相继发生而无人制止，当时的惨状是不难想象的。

那些被选中的秀女因出身民间，大部分是没有受过教育的女子。如果容貌出众，也有因被皇帝宠爱而成为贵妃或皇后的，其前途是可想而知的了。

---

[1] 明朝与清朝的宫女制度不同。清朝规定，宫女每年选一批，服役到 25 岁出宫，明朝则无此制度。详见万依：《明代宫女》，载《故宫新语》，上海文化出版社 1984 年版，第 144 页。

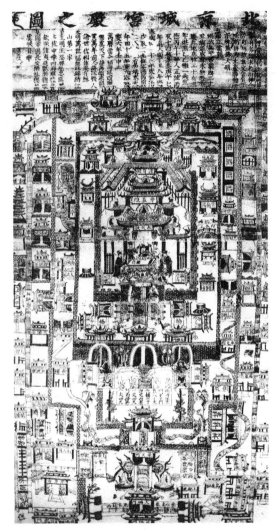

明人所绘《北京城宫殿之图》

这种选秀女制度不仅危害女子，而且也祸及皇帝。其原因正如前面所说的那样，在被选中的秀女中，即使也有因受到皇帝的宠爱而成为贵妃或皇后的，但是因为她们存在教养及其他方面的不足，因而在宫廷内很容易引起一同入宫的女子的忌妒。这种情况也波及皇帝的身边，有的秀女就是因此而被皇帝杀害的。这样的事在我们前面所说的四大朝代中，就发生过多次。

那么，这种事在清朝又是怎样的呢？让我们举一个最相似的例子吧。

顺治二年（1645），清统治中国不久，北京的紫禁城因为遭遇过李自成的攻打，所以什么东西也没有，只留下了武英殿。后来皇宫虽然修复了，但是人还没有。当时的摄政王多尔衮[1]，便想仿效明朝的惯例从全国选秀女，于是便问内阁顾问大学士冯铨[2]。据顺治二年六月四日摄政王日记所载，当时的问答情况是这样的：

摄政王：明朝时宫女有数千人，各王府也可以任意选秀女吗？

冯铨：是的。宫廷选秀女，是由礼部来计划，派太监去监督选女。王府选秀女时，要首先面奏皇帝，然后王府才可以自由地在其所辖地内选女。

摄政王：现在皇城已经修复，但几乎没有宫女，我想用明朝的制度来选一下……

冯铨：选秀女是明朝的虐政，况且现在刚刚整治完动乱，民

---

[1] 多尔衮（1612—1651），清太祖努尔哈赤第十四子，清崇德元年（1636）封为睿亲王。清太宗于崇德八年（1643）去世后，多尔衮开始了扶立顺治帝的七年摄政王生涯。

[2] 冯铨：河北涿州人，原是明朝户部尚书、武英殿大学士，曾与魏忠贤勾结参与杀害杨涟等东林党人，并充《三朝要典》总裁官。清入关后，任弘文院大学士等职，是清初归顺清朝的明末官员中的头面人物。

摄政王多尔衮像

心尚在惊愕之中。我想您是一位像神仙那样睿智的长者，绝不会
做出这么愚劣的事。

摄政王听后哈哈大笑，选秀女的事就这样作罢了。[1]

这是清朝刚刚统治中国，还带有征服者心理时的事。从那时
起直到康熙帝以后，这种事一次也没有发生。想不到明朝的这种
制度竟在这位摄政王的一笑之中成为历史了。

下面，我们再举一个常常被中国历代帝王连带考虑的宦官的

---

[1] 据日文版原文翻译。据清史专家朱家溍先生的《对〈我的前半生〉部分史实错误
的订正》，清代仍有选秀女制度。秀女有两个来源：一是从上三旗包衣的女子中选，
目的是作为宫女使用，但进宫后也可能成为嫔、妃等。二是从八旗官员的女子中选，
目标就是预备做嫔、妃等。

例子。在我们刚才所说的四大朝代中，汉、唐、宋、明不论是哪个朝代，都存在着这样令一般人不可思议的事实：宦官是朝代兴废的重要原因。

唐朝时，就有杀害皇帝的宦官，各地重要的驻屯军都受朝廷派来的宦官的监督。打仗的时候，宦官对驻屯军的指挥官加以制约，因此接连大败的奇事也出现了。

现在再举个明朝的例子。

凡是中国人，没有不知道王振、刘瑾、魏忠贤这三个明朝大太监的。王振[1] 在征伐蒙古时死在皇帝的前面，皇帝则做了蒙古人的俘虏。刘瑾[2] 变成皇太后亲戚的孩子以后，朝廷内正直的人几乎都被他谋杀。魏忠贤[3] 是明朝全盛时期的太监，当时各地都奉从由他代拟的皇帝的圣旨。

这种太监之弊用纸笔和话语是难以说尽的，可是在清朝之所以几乎没有太监之害，是因为各个皇帝不实行专制政治、不太看重太监之言的缘故。

接近清朝末叶时的西太后，是清朝中和太监关系最深的人。

让我们举举她的例子吧。

有一年，西太后命其最信赖的太监安德海从北京近郊通州乘船去南方的扬州采办各种物品，但这是违反朝廷关于禁止太监到

---

[1] 王振：明代宦官，河北蔚州人，明代正统中掌司礼监，勾结内外官僚作威作福，人称"翁父"。正统十四年（1449），王振挟持明英宗率五十万大军征伐瓦剌，后在土木堡（今河北怀来东）死于乱军中，明英宗也被俘。

[2] 刘瑾：明代宦官，陕西兴平人，本姓谈，明代正德时掌司礼监，作恶多端。明正德五年（1510），太监张永告其图谋反叛，刘瑾被处死。

[3] 魏忠贤：明代宦官，河北肃宁人，明熹宗时为司礼秉笔太监。他勾结熹宗乳母客氏，自称九千岁，专断国政兴大狱。崇祯帝即位后，魏忠贤被黜，在去凤阳途中畏罪自缢。

王振石刻像

离北京40里的地方去的规定的。

安德海以西太后的信任和权威为后盾，乘着两艘大船，船上还载着许多艺人，一路上欣赏着歌舞驶向山东地界。当时的山东巡抚丁宝桢，立即逮捕了安德海，并请求朝廷的指示。在清朝最高政治机关任军机大臣的恭亲王听到此报，也没面奏西太后，立刻指示按规定处理。

丁宝桢马上将安德海斩首示众，西太后即使知道了此事也不能发话。在这个规定面前，她只有保持沉默，别无他法。另外还有这样一件事，那是西太后把权力让给光绪皇帝的第二年——光绪二十一年——的事。光绪皇帝的生母是醇亲王的正室，也是西太后的同胞妹，所以西太后经常让人把宫中的美味送到醇亲王府。有一年夏天，西太后派小太监李四去给醇亲王府送四五样宫廷美味，不想李四一马虎，忘了带从内务府领的腰牌。清朝规定，不

醇亲王奕譞与福
晋叶赫那拉氏

管是谁，出入皇宫的时候都要出示腰牌。这样一来不用说，李四当然不能出宫门了。时值盛夏暑热蒸人，李四心想：慢腾腾的，菜都跑味了。再说这是西太后让我办的事，不放我出宫，把门的禁卫军就不怕西太后生气吗？李四把宫廷美味撒了一地，把自己的衣服撕破，还把头和脸撞流了血，便返回西太后那里，哭着诉说起来："把门的禁卫兵把我当傻瓜不放我出去，我说是奉您的旨意给醇亲王府送吃食，他们不仅不听，反而还说现在的天下是光绪皇帝的，你盛气凌人地抬出西太后管什么用，弄得我没台阶下呀！"西太后一听，勃然大怒，当即命皇帝和禁卫队官兵把那个把门的送到刑部，要严加审理处以极刑。刑部的八位官员思量：放纵太监，违反清朝祖制，但又不能因此而做出冒犯西太后的事来，最好是让把门的自己送死谢罪。西太后嫌报告不长而越发恼怒了，她吩咐军机大臣恭亲王必须把那个把门的处死刑。当时，侍候西太后的女官在场，这些事都是从她那儿听来的。下面是当时的对话记录：

　　西太后：最近，禁卫兵侮辱太监的事儿你知道了吗？

　　恭亲王：是，知道了。因为太监没带腰牌，禁卫兵才不让他出宫。

　　西太后：可是，太监是照我的话去给我妹妹送吃食的，他们绝不会不知道吧！这么点儿小事也不能通融吗？

　　恭亲王：查验腰牌是祖宗的规矩，不是小事，不能通融。

　　西太后：祖宗的规矩？！提起规矩，你不管什么时候都干涉我的行动。我死后，我做的事不也变成祖宗的规矩了吗？

　　恭亲王：也许将来会是那样，不过现在您也不应该不遵从祖宗的规矩。

　　西太后：照你这么说，那就定死刑好吗？其实我今天把你叫到我这儿来，就是还没下决心这样做，我的心情不平静啊！

　　恭亲王：廷杖是明朝的虐政，不能来那个。

　　西太后拍着桌子。

　　西太后：你倘若再干涉我的行动，我可要改变你的王位和爵位了啊！

　　恭亲王：是的，是的。虽然您能做出改变王位和爵位的事，但您却不能改变我是宣宗[1]的第六子这一事实。

　　西太后终于闭口不语。

　　其后，没有给那个把门的判刑，李四则受到了严格限制人身

---

[1] 即道光皇帝。

慈禧太后像

恭亲王奕䜣

自由的处理。那样威风的西太后，在祖宗的规矩面前也完全沉默而别无他法。

至此，正如我在前面所说的那样，在中国历代，选秀女和宦官是像根深蒂固的癌一样的东西，在清朝能说它们被根绝了吗？如果把这样的事公开出来，那么社会对于清朝的误解也许就会没有了吧。

我虽然是一个外国人，但自从成为"满洲宫廷"的人以后的十九年间，越来越了解上述那些事情的真相。我看到对于外界的误解与中伤，中国的知识分子是保持沉默而不是不满。清朝末代的知识分子及其后代，气息奄奄，对于外界的误解随波逐流。而我则是纯粹从客观的立场出发，来撰著公正的清朝三百年的宫廷

溥杰在爱新觉罗·浩婚后与之合影

史的。

另外，我十分喜爱烹调，特别是结婚以后对中国烹调又产生了兴趣。为此，我曾用心向"满洲宫廷"厨师学习过清朝宫廷菜点的烹调，加上这些，我决心在将来写出清朝宫廷史稿来。

我听说全世界的人都喜欢中国烹调，世界各地都在做中国菜。我又听说，早在1944年，就有许多美国学者来到北京的皇宫，调查烹调资料的情况。我还听说，第二次世界大战以后，世界人民对于清朝特别是对于清朝宫廷非常感兴趣。因此，此时撰著本书，我想绝不是没有意思的事。为此，在本书的开头我先写了清朝历史概况作为导引，接着写皇帝的日常生活，最后又把我成为"满洲宫廷"的人以后而得知的约166种宫廷美食的做法写了出来。

　　不难看出，本书是以向世界全面介绍清朝宫廷的中国烹调为重点的。我对烹调充满自信，加之在本书执笔之际，又做了各种调查，因此本书如果有什么不清楚的地方，我认为我有责任向读者进行解答。因为本书终究不是那种通史性的史书，因而也许还有许多缺点和不足。在这些方面，您如果能把意见和看法给我寄来，那么我想对我写好下一部宫廷史将是十分有益的。

清朝的历史与食事

清朝历史概况

在翻开本书的时候，首先让我们看一看清朝的历史。

建州女真的一位首领努尔哈赤以南满洲[1]的兴京地区为根据地统一了满洲族，并于 1616 年就汗位，国号大金。努尔哈赤汗死后，继承汗位的皇太极出兵朝鲜和内蒙古。1636 年改国号为大清。1644 年春季李自成攻入北京，崇祯皇帝拒绝迁都南京，自缢于皇城内的煤山。

---

[1] 日文版原文如此。清史文献和《清史简编》等显示，1636 年清太宗皇太极不再沿用"女真"等旧称，定族名为"满洲"。民国以后，"满洲"改称"满族"。因此，"满洲"是满族的民族名称而不是地理上的区域名称。建州女真由元代女真中的胡里改部和斡朵里部发展而来，原在以依兰为中心的松花江下游一带。从明代洪武年间开始，胡里改部和斡朵里部相继南迁。自称是明建州左卫指挥使猛哥帖木儿后裔的努尔哈赤，用了 30 多年的时间，统一了建州女真、海西女真的全部和东海女真的主要部分，并于 1616 年在赫图阿拉（1634 年尊为兴京，在今辽宁省新宾县）称汗，建立"大金"，建元"天命"。

清太祖努尔哈赤像

隆裕太后与幼帝溥仪

这时，清朝派遣摄政王多尔衮进军北京。明朝山海关总兵吴三桂请求直到昨天还是敌人的清廷，讨伐攻入山海关的李自成。那年，顺治帝迁都北京。

1644 年，满洲人开始在这里统治中国。

1911 年，各地发生内乱。

武汉三镇还举起了革命党人的旗帜。清朝虽然应付了大臣袁世凯取得政权的事，但袁世凯对清政府的延续没有诚意，一方面利用革命党人恐吓清政府，另一方面又利用清朝的旧势力镇压革命党人，采取背信弃义的野心家行动。

那时，清朝末代皇帝宣统帝才 6 岁，所以隆裕太后执掌实权。这位隆裕太后虽然是一位温厚的长者，但在政治上却是无能的。人民因不堪忍受袁世凯的压迫和内乱而痛苦万分，清朝的势力虽在日渐衰退，但又不忍心看到这一情景，结果御前会议以宣统帝和隆裕太后的名义宣布了退位的决定。就宣统帝退位而言，虽然这是同国民党之间交换的最好条件，但在其后的变迁中未能尽数实行，清朝终于结束了最后一幕。

从 1644 年到 1911 年的 267 年间，是清朝的全盛时代。从康熙大帝平定三藩之乱到咸丰初年的洪秀全运动，其间虽然也有若干内乱和小的事件，但治安良好，国力充实，人民生活丰裕，确实是清朝的全盛时代。特别是在文化方面，有许多值得大书特书的地方。保留到今日中国的文学、考古学、艺术和戏剧等，有很多是当时的有识之士研究古来成果的存续。

清宫廷画师绘《乾隆南巡图》局部

总管内务府银印

清朝宫廷食事

以上我们简略回顾了一下清朝的历史。下面我想谈谈清朝宫廷的饮食。

乾隆（1736—1795 年在位）时代是清朝最隆盛的时代，其饮食也在清朝历代中是最豪华的，因此我想简略地谈一下其饮食状况。

清朝建国之初，还留有满族遗风，对饮食不太讲究，到乾隆时代才逐渐重视起来。下面略微说一下清朝宫廷烹调的风味特色及其由三种不同风味构成的情况。

其一是山东烹调。北京的烹调原本是没有特色的，明朝迁都北京的时候，宫廷厨师大部分是山东人，所以山东烹调遍及宫廷与民间。清朝统治中国以后，原封不动地承袭了明朝宫廷的饮食习制。

其二是满族固有的烹调。满族饮食起源于久远的游牧生活，牛、羊、鸡等兽禽肉是其日常饮食的原料。清朝成为中国的统治者以后，宫廷厨师对其饮食加以改良，从而推出一种独特的美食文化并保留到现在，今日北京著名的羊肉菜就是这样传下来的。

其三是苏杭烹调。乾隆帝前后两次巡视江南[1]，每次都行幸苏、杭二州。当时的苏、杭非常繁华，以"上有天堂，下有苏杭"而著称于世，地方民众以盛大的仪式欢迎皇帝的驾临。乾隆帝特别喜爱苏杭美食，命人编制了记录日常饮食情况的膳底档。乾隆四十三年（1778），乾隆帝在巡幸东北地区时，还命苏州厨师张东官作为御膳房厨师随行。

---

[1] 日文版原文如此。据清史文献记载，乾隆帝曾六次巡视江南。

清朝的宫廷烹调，就是以这三种烹调为基础构成的。其与民间烹调的不同之处是，民间烹调以味为主，对于调料和材料的配合不十分讲究，宫廷烹调则非常注意这一点。凡是皇帝吃过的菜点，必须将调料和主料等详细地记入膳底档。皇帝无论什么时候吃，呈上的菜点也不许走味，这是宫廷饮食制作的则例。例如道光时，道光帝想吃乾隆时代的菜，御厨师马上就给做出来了，而且味和乾隆时代的一样，完全是乾隆御膳特色。

现在再说说宫廷膳房的机构情况。

主理清朝皇帝事务的最高机关是内务府，膳房归内务府所管。膳房下设荤局、素局、挂炉局、点心局和饭局五局，分担下列事务。

一、荤局：主要负责烹调肉类、鱼类和海鲜等菜品。

二、素局：主理蔬菜等素菜的烹调。

三、挂炉局：主理烧烤类菜品的烹调。

四、点心局：主要负责制作包子、饺子、烧饼等和宫廷独特的点心。

五、饭局：制作粥、饭等。

各局分为二班，每班设主管一名，厨师六名，主理实际烹调工作。各局还有太监七名，负责日常的监察护卫工作。另外还有五名官员负责提供御膳资料。

这些是膳房机构的简单情况。这只是负责皇帝一个人的膳房，至于皇太后、皇后及各妃嫔等，均设有各自的膳房，其费用也由内务府供给。

以上是清朝宫廷饮食方面的概况。今日所谓的中国烹调，不过是在清朝260余年的全盛时代，伴随着清朝的繁荣而形成的。最近，中国烹调声名大振，而世人对清宫烹调却全然不知，宫廷

溥仪小朝廷时期的御奶茶房茶役李英德，宛平县人，时年三十三岁

溥仪小朝廷时期的御茶房茶役胆长桂，宛平县人，时年三十岁

荣源氏夫人（婉容的母亲）

荣寿固伦公主（大公主，载入《清史稿》的最后一位公主）

往事几乎无人知晓。虽然猜测的东西好像有一些，但至今未见有人公开谈论宫廷烹调那优雅纯净的滋味。

宫廷烹调与普通烹调有以下几点严格的区别：

一、不许任意搭配

一般的中国菜即使随意加减也可以。例如八宝菜，如果有八种原料，不管哪八种都可以；而宫廷的八宝菜必须用规定的八种原料，不许用其他的。

二、主和客的关系是严格的

例如烹制鸡菜时，在调料和主料的使用上，必须注意保持鸡的本味，这是为什么呢？因为主体是鸡，所以不允许因调料等的使用而丧失了鸡的本味，也不允许像做一般中国菜那样，只为做成好的外观而任意调味。

三、调料单一化

宫廷菜的调料不许任意使用。例如鸡汤虽然是用鸡做成的，但在宫廷中不允许像做一般中国菜那样，将鸡肉和鸡骨一起下锅煮。

本书所选的菜肴，就是采用这种宫廷烹调规制加以介绍的。在原料的数量方面，考虑到本书的使命和便于读者应用，一般每份以 10 人以下为单位计量。另外，在清宫中还有非常有趣的点心和各种粥、饮料等，仅凭我的记忆，其数目也是相当大的，因而不可能全部写在本书中。

在介绍宫廷烹调的时候，先谈一下宫廷往事，然后再介绍我学过的宫廷菜点，我想这是非常有意义的。

1937 年，我和"满洲国"皇帝的弟弟溥杰结婚以后，便可以出入"满洲宫廷"了。在接触宫廷生活的过程中，学习了礼仪礼法。

伪满皇宫菜谱

我们住到"新京"以后，还特地请两位老妇人指导我。

　　这两位老妇人，一位是"满洲皇后"的母亲荣源氏夫人，另一位是大公主（恭亲王的女儿，特别受西太后的宠爱，作为其养女并被赐予荣寿固伦公主的封号）儿子的夫人增丈奶奶。我从这两位老妇人那里，知道了清朝的政事和烹调的变迁、中国的秘史及清宫秘闻等，并全部做了笔记。只是由于战火辗转各地，这些宝贵的资料几乎都散失了，真是太可惜了。幸亏当时给东京写信，再加上记忆，才使本书有了现在的框架。

　　在写作本书的时候，我忽然想起一件可笑的事。在这位老妇人[1]做西太后的女官时,皇帝的女官们有时求太监让她们去看看膳房。按照御膳房的规则,为了防备有人往菜里下毒,由太监负责日常的监视工作。有人借此机会悄悄地把御膳房的烹调资料偷回家,向亲友夸耀:皇上吃的美味,全记在这膳底档上。

我住在"新京"(现在的长春)不久,日本的贞明皇太后就嘱咐我要好好学习中国的宫廷烹调,并把其烹调法告诉日本皇室的宫中膳所。当时,我丈夫在禁卫队服务,每天从禁卫队去宫廷。我们的两个孩子慧生、嫮生也很健康,因此使我有空认真地学习了宫廷烹调。当时的"满洲宫廷",虽然没有往日那华盛的气势,但一切规则都是清朝旧制,就连宫廷厨师也是原来清宫里的。我丈夫向皇帝请求,让宫廷厨师长常荣氏每周到我们家来一两次,直接教我。这位厨师出身清朝烹调世家,宣统帝退位以后又随皇帝来到"满洲宫廷",是具有名人气质的忠臣。由于常荣氏的真诚指导,我相信自己学会了几百种宫廷美味的做法。我丈夫和我们最爱吃的点心,我还将其做法做了笔记,可惜这些笔记都在战乱中遗失了。

在这本书中,我只是把我学过并会做的宫廷美味写了出来。虽然表达愚钝,但假如诸位如法炮制出一两样,品味之余,能感到其滋味与一般的中国菜点不同,那便是笔者的最大幸福了。

---

[1] 日文版原文如此。

皇
帝
的
生
活

皇帝的日常生活

中国历代皇帝的生活，没有像清朝皇帝那样刻板的。正如我在前面所说的那样，因为清朝皇帝过于固守祖宗遗制，可以说皇帝是完全没有自由的，他们的一切都遵从祖宗的家法，公式化地度过一生的时光。

皇帝的饮食生活与日常生活密不可分，在谈论皇帝饮食生活的时候，最好先说说皇帝一天的起居规制。

根据清朝宫廷惯例，皇帝在宫中时，早晨寅正三刻（4时）[1]必须起床。在宫廷的专用话语中，把这叫作"请驾"。如果皇帝因为年幼还未理朝政，则允许再睡一会儿。一般说，起床后早晨6

---

[1] 日文版原文如此。早晨寅正三刻应为早晨3点45分。

点必须去南书房读书。[1]一到早晨4点，专门负责这件事的太监就来到皇帝的寝宫，大声说："已经到请驾的时候啦！"连喊三声，皇帝必须立刻起床。接着，皇帝身边的太监随侍皇帝盥漱。然后，皇帝进食冰糖燕窝一品，这是用冰糖和燕窝煮制的甜点。接下来是早晨的觐见，即皇帝要准备去接受百官的觐见，从内宫乘轿去太和殿[2]，前面是四名护卫，后面跟随着数名太监。返回的时候也是这样。回到内宫稍事休息，卯刻（6时）[3]时再起床，辰刻（8时）[4]进早餐。乾隆十九年（1755）五月十日的早餐记录是这样的：

肥鸡锅烧鸭子云片豆腐一品（肥鸡和锅烧鸭子再加上豆腐制成的菜[5]）——厨师常二做。

燕窝火熏鸭丝一品（燕窝和熏鸭肉丝）——厨师常二做。

清汤西尔占[6]一品——厨师荣贵做。

攒丝锅烧鸡一品（细切的锅烧鸡）——厨师荣贵做。

---

[1] 日文版原文如此。南书房在故宫乾清宫南庑的最西端，原为顺治和康熙幼时读书及活动场所。康熙十六年（1677），南书房成为宫廷的一个机构，专管侍候在此行走翰林的出入及坐更等事。雍正时，设上书房（在乾清门东边），皇子皇孙等在此读书。但乾隆年少时有时在懋勤殿读书。未亲政的皇帝早晨6点到书房学习。亲政后皇帝一般早晨洗漱、拜佛等后，先到养心殿等殿读祖宗《实录》等。（详见赵杨：《乾清门内各衙署》和王子林：《皇帝一天的生活》，载《中国宫廷生活》，上海文化出版社1996年版，第34、349页；冯佐哲、李尚英：《清宫上书房和皇子读书》，载《故宫博物院院刊》，1981年第4期。）

[2] 日文版原文如此。太和殿是明清皇帝在紫禁城举行登基、万寿（生日）、大婚、册立皇后等大典的场所，皇帝每天早晨接受百官觐见即御门听政是在紫禁城内的乾清门。

[3] 日文版原文如此。早上6时应为卯正。

[4] 日文版原文如此。早上8时应为辰正。清代皇帝早膳一般在卯正或辰初，即早6点或早7点或早6点多、7点多。

[5] 括号内的菜品解释为译者据日文版原文译。下同。

[6] 西尔占为满语音译，指肉糜或煮得很烂带汤的肉。清汤西尔占是不放酱油的白汤炖肉，在清宫中多以羊肉制成。

养心殿皇帝寝宫

乾清门御门听政处

肥鸡火熏白菜一品（肥鸡熏制后再加入白菜制成的菜）——厨师常二做。

三鲜丸子一品（肉丸子一品）——厨师常二做。

鹿筋炮肉一品（鹿筋用旺火烧制而成的菜一品）——厨师常二做。

清蒸鸭子糊猪肉喀尔沁攒肉一品（用盐汤渍的鸭子和猪肉）——厨师荣贵做。

上传炊鸡一品（宫中叫作炒鸡菜一品）——皇帝指定做的菜。

以上为正菜。

竹节卷小馒头一品（方形小馒头）

孙泥额芬白糕[1]一品（夹着枣馅的白糕）

蜂糕一品（用米粉、面粉和蜂蜜蒸成的蛋糕样点心）

珐琅葵花盒小菜一品（饰有葵花纹的珐琅盒盛的酱小菜）

南小菜一品（苏州小菜）

炭腌菜一品（用盐长时间腌成的菜）

酱黄瓜一品（用酱油腌的黄瓜）

苏油茄子一品（花椒油拌茄子）

以上为酱小菜。

粳米饭一品（米饭一品）

以上为主食。

以上所记的是清朝最兴盛时期的皇帝饮食，即使这样我们也可以知道，清代皇帝的饮食生活根本不像民间所传的那样奢华，

---

[1] 孙泥额芬为满语音译，孙泥指奶（的），额芬为饼、馒头或糕，孙泥额芬白糕即奶糕。

只是到了西太后时代，才如德龄^[1]女士所说的那样奢华。

　　早餐一结束，皇帝必要看上奏的奏折。这是各省上呈的文书，详细看完之后都要批示，然后送到军机处。接着接见满汉军机大臣，商议重要的朝政和从军机处送来的每日"见起"。"见起"和"早朝觐见"不同。"早朝觐见"是一种仪式，"见起"则是讨论政治的中心问题。在清朝的祖制中，引见对于地方官员的任命和升迁是必要的。引见是在觐见的时候拜见皇帝，是时被任命的官员不能直接和皇帝说话，一直跪着，按照顺序，一个人一个人地唱诵着自己的履历和祖宗三代的情况，然后退下。根据清朝祖制，"见起"时，如果皇帝未成年，除摄政大臣在场以外，其他任何人都不许入内，太监也不能跟随左右。这只实行于极其亲密的满、汉官员。在这种场合，不用担心诸如刺客之类的危险。其所以对于任何的嫌疑也无须防备，是出于君臣以诚相待的缘故。再者忠于清朝的汉族官员非常多，这也可以说是又一个原因吧。

　　"见起"没有时间限制，"见起"数小时也是常有的事。鸦片战争以前，中国广东、广西两省吸鸦片的人很多，咸丰帝^[2]因担心鸦片之害而任命林则徐为两广总督。据说"见起"时，皇帝曾对林则徐说："鸦片的害处，正像你也知道的那样。你很有才干，我希望你务必根绝此害。倘若此害未除，你我都没脸见九泉之下的祖先。"说完，皇帝泪如泉涌，林则徐也激动得哭倒在地上。像这样君臣以诚相待、忧国忧民的事不止一两件。"见起"结束时，往往已是下

［1］　德龄（1881—1944）：现代著名美籍中国女作家，19世纪末20世纪初在法国巴黎求学，通晓英法两国语言。1903—1906年曾进皇宫为慈禧太后服务。著有《御香缥缈录》等多部关于清宫生活的作品。详见秦瘦鸥：《〈御香缥缈录〉作者德龄其人》，载《故宫新语》，上海文化出版社1984年版，第188页。
［2］　日文版原文如此。应为道光帝。

乾隆十九年二月初十的一份皇帝膳单

王公大臣的红绿头签（宗室王公用红头签，
文职正三品以上和武职正二品以上用绿头
签），因为在皇帝膳前呈递，故称"膳牌"

林则徐像

皇帝的御用酒具——金錾云龙纹执壶、金杯

午 1 点钟了，此时皇帝回寝宫或是去别的宫殿吃点儿点心。

午餐是在未刻（下午 2 时到 4 时之间）进行 [1]，其数量、种类和早餐差不多。午餐后一般午睡一小时 [2]，这也是清朝宫廷的习惯。

醒来后的活动有：召集著名学者讨论学问的"经筵"，同太后、皇后、妃嫔聊天。皇帝在宫中的娱乐，只限于看戏、写字、看书或画画等，其他的一律不允许。

晚餐也和早餐、午餐大致一样 [3]，即使饮酒也没关系，但是皇帝未成年时，太监则站在皇帝的膳桌前，待饮到一定程度时，便对皇帝说声"止饮"。

皇帝在饮食方面最受约束的，莫过于不能同皇后、妃嫔一起进膳了，但和皇太后共进饮膳则没关系。虽然皇帝自己去皇后或妃嫔居住的地方是不碍事的，但这是非常麻烦的事。皇帝驾到某宫时，皇后或妃嫔务必跪在宫前迎接，进去后坐到龙座上，皇后或妃嫔要行三拜九叩礼。因为这样太繁缛，所以清朝历代皇帝很少到皇后或妃嫔的宫里去，而是将皇后或妃嫔召到自己的寝宫。召时要有一种暗示，一般是皇帝将当日的晚餐赐给皇后或妃嫔。例如乾隆三十八年（1773）七月六日，皇帝将晚餐赐给了顺妃，而当天晚上乾隆帝就"迎接"了顺妃。

"早朝觐见"是皇帝生活中最头痛的事，对大臣们来说也是最大的难关。赶上春、夏、秋三季问题还不大，如果遇上冬天北

---

［1］ 日文版原文如此。下午 2 时到 4 时应为未正到申正。清代皇帝下午 1 点多或下午 2 点进的餐称"晚膳"。

［2］ 日文版原文如此。清代皇帝一般早 7 点到 11 点理政，11 点到下午 1 点或 2 点用晚膳前午睡，晚膳后或批奏折或看书娱乐等。

［3］ 日文版原文如此。清代皇帝一天的饮食，除了早 6 点或早 7 点等时间的早膳和下午 1 点多或下午 2 点的晚膳以外，下午 5 点或 5 点半左右进的餐一般称"晚晌酒膳"。

京的气温在零摄氏度以下，加之觐见的太和殿非常大，而且没有暖房设备，所以殿内格外寒冷。不过皇帝的旁边有太监生的炉子，大臣们待的地方可就冷得不能待了。因此，当时一当上大臣的人，都置一件貂皮大衣以抵御严寒。光绪初年，军机大臣倭仁[1]是著名的义理学家和名臣，这位老先生为官非常清廉，甚至连买貂皮大衣的钱都没有，最后终于被冻死。后来袁世凯称帝时知道了这件事，就命人在太和殿龙座的两边安设了两个大暖炉，直到现在这两个大暖炉还在太和殿内。

除了以下三种情况以外，这种"早朝觐见"一直到清朝结束也没有被废止。

第一是皇帝出巡、到承德离宫避暑或是在圆明园而不在北京皇宫。

第二是皇帝患病。

第三是有大功的大臣去世或是表达哀悼之意的时段。

除了这三种情况，清朝皇帝没有权力取消"早朝觐见"。像明朝的武宗皇帝那样好几年也不早起，甚至连群臣也不认识的事在清朝是没有的。

以上是清朝皇帝生活的大致情况。皇帝的一举一动都受祖宗遗制的约束，因此清朝的皇帝看来都尽量不待在宫中。例如，康熙大帝经常在承德离宫、乾隆帝时常在圆明园、西太后则往往在颐和园，都是出于不能忍耐宫中约束的心理。西太后是一位非常聪明的人，她知道将海军经费转用于建设颐和园是不得人心的事，

---

[1] 倭仁：清蒙古正红旗人，姓乌齐格里氏，字艮峰，道光进士，官至文华殿大学士。倭仁平生精研义理之学，好宋儒之说。凡身体力行者，推为首选。曾国藩官京师，极相友善。

御用画珐琅黄地花卉双鹿纹手炉

慈禧在颐和园仁寿殿前乘舆照。前右为大总管李莲英，左为二总管崔玉贵

但又克制不了自己的欲望。看来建设颐和园的事也是历史上的一个矛盾。

皇帝不在宫中而住在皇家园林等地方时，其生活是比较自由的。第一，不进行"早朝觐见"也不碍事。第二，进膳时即使皇后或妃嫔在场也无妨，一切礼节都比宫中简单，但像百姓那样无拘无束还是不行的。每日的"见起"照常进行，上奏的文书必须给予批示，离北京皇宫的时间过长必会受到大臣的忠告。

以上稍微说了下清代皇帝的生活情况，下面我想介绍一下御膳房是怎样供应饮食、皇帝进膳方式是怎样的等。

皇帝的饮食

皇帝的饮食生活绝不是一般人所想象的那样奢华，但是其机构却是非常庞大的。总而言之，皇帝饮食生活的各个方面都由内务府来统领，膳房也归内务府管辖。

在宫廷内的皇室成员中，有皇太后、皇后、贵妃、妃、嫔、贵人、常在、答应等。另外有服侍皇帝的宫女、太监和在宫中服务并归内务府管辖的外廷执事，以及为皇帝服务的画家、服装师、园艺师，还有干力气活儿的"苏拉"[1]等。此外，也有许多人在皇宫以外的离宫、园、庄等地方。这些人虽然不能和在皇宫服务的人相比较，但也有相同职务的人。这样，再加上和皇帝有亲戚关系的人的服务人员，其服务人员的人数虽然不固定，但总之可达数千人。

通常人们会觉得这些皇室成员及其服务人员的饮食均是由御

---

[1] 苏拉为满语音译，指杂役等。

膳房来提供的，而实际上却不是那么回事儿。御膳房是专门为皇帝一个人设立的，不用说皇太后和皇后的膳房也是有区别的。

皇帝一家子的生活费虽说是"空份"，但也是由内务府来管理的。因此我想详细介绍一下皇帝的御膳房的机构情况和它每天是怎样为皇帝服务的，再有皇后和妃嫔的日常饮食虽说是所谓的"空份"情况，也想对其加以说明。我想这样一来清宫饮食生活的情况大体上也就清楚了。

我在前面已经简略介绍了御膳房的机构情况，这里想稍微分析一下它的地位和工作。正像我在前面所说的那样，在御膳房中，有荤局、素局、挂炉局、点心局和饭局等。现在要说明的是，御膳房每天是怎样为皇帝提供饮食的。

最使御膳房头疼的是，皇帝常常不一定在膳宫进餐。皇帝想用餐时，御膳房要不分时间、地点必须供应。例如皇帝散步时，点心局要把许多点心和茶放进两个圆笼里，由五六个人担着跟随在皇帝的后面，如果皇帝说"想吃点心或者是茶"，一分钟以内必须端上来，所以御膳房开餐没有固定的场所。御膳房的事务虽然归内务府管，但其烹调的地方却是不固定的。例如皇帝想在养心殿进膳时，御膳房的人必须到养心殿侍候。在颐和园进膳时，御膳房的人则必须随侍到颐和园。由此可以看出，御膳房之所以有这么多人，就是因为皇帝进膳的时间和地点不固定的缘故。

为了适应这种环境，御膳房采取了两个办法，一是准备了小炉子，以便用"行灶"烹调。二是"热锅"，"热锅"有两种式样，一种是冬天用的银碗，碗有两层，上层是菜肴，下层是汤，这种碗很美，和食物一起端到膳桌上。另一种是由二分厚的铁碗和两块很厚的铁板构成的器物，把做好的菜肴放入铁碗中，烧热两块

溥仪小朝廷时期的内务府大臣绍英

紫禁城宁寿宫慈禧膳房一角

清宮黄花梨木酒膳食挑

（康熙）成套餐具

铁板，一块放在碗下，一块盖在碗上，如果皇帝说"传膳"，就能把铁碗中的菜肴拨入瓷碗里供膳了。

皇帝的饮食非常注意温度，米饭、粥和点心等虽然是由饭局和点心局的面点师做的，但服侍皇帝的却是太监。皇帝进膳时，粥或点心要先放到别的桌子上，太监把这些吃食一样一样分别盛入许多碗里，然后摆在皇帝面前的膳桌上。在皇帝进餐的过程中，太监要先用手一个个地摸摸碗，看看温度是否正好，然后再请皇帝享用。

御膳房特别下功夫钻研的，是历代皇帝的口味和爱好，为此御膳房上面的内务府不得不向皇帝的贴身太监请教。本来御膳房是由内务府掌管的，这样一来实际上管理御膳房的不是内务府而是太监，其原因就在这里。

如果是皇帝特别喜欢的食物，御膳房每天都要预备。乾隆帝喜欢苏州菜和鸭子菜，在每天的御膳食单上这些菜不断。乾隆帝不大喜欢鱼翅，因此在御膳单上就经常没有鱼翅。鱼翅类的菜品大量出现在宫廷的膳桌上，据说是西太后以后。

皇帝吃的东西不管是什么，御膳房都要把制作者的姓名写在膳单上。皇帝指定美味时，御膳房要立即照办。如果菜点做得好，皇帝要行赏，御膳房又有责任事先把赏金和物品准备好和保管好。

这里所说的"膳单"，在清朝宫廷的专用语中叫作"照常膳底档"。由顺治帝进入北京，直到"满洲国"的出现，"照常膳底档"制度一直实行而没有变化。每天，御膳房执事都要详细地将皇帝一天所吃的东西记在膳底档上，然后请内务府大臣过目，再作为文书保存起来。宫中的"四执事库"是保存这些文书的地方。有关皇帝衣、食、住、行的文书，均在这里专门保存，其中以御膳

乾隆十二年（1747）十月初一的皇帝膳单

房的文书为最多。

出自御膳房的菜大部分是御厨师每天根据自己的考虑做出来的，这是必要的。但也有皇帝指定的，所以在御膳房中最高的技术是每天怎样做才能满足皇帝的口味。

御膳房除了专门准备皇帝的饮食以外，还要预备皇帝高兴的时候赏给宫中的皇后、妃嫔和外廷大臣的美味。在宫廷内，皇帝把美味作为赏品是常有的事，特别是对其所宠爱的妃、嫔更是如此，而把美味赏给宫廷外的人则比较少。一旦赏给宫廷外的人，御膳房发财的机会也就来了。据说西太后曾赏给袁世凯一只烤鸭，袁世凯就给了送烤鸭的人一万两银子。

御膳房的厨师大多是内务府的旗人。作为专职者，除了一部

乾隆膳底档,乾隆五十九年（1794）

分是在乾隆时代从浙江来的以外，其他的都是世袭的，这种情况在清朝三百年间几乎没有变化。

御厨师的家大多数在北京西郊海淀。作为特殊的阶层，他们的家庭非常殷实。因为家属都有事干，所以生活富裕。民国以后，这些人家道逐渐衰落，他们的子孙有开餐馆的，也有不忘昔日主人而跟随"满洲皇帝"继续当御厨师的。

一般人认为御膳房厨师的待遇一定非常好，实际上却不是那么回事。即使地位最高的御厨师，也不过领七品俸禄而已。普通的御厨师，每月收入不过五六两银子，当然也有一些其他收入。比如：

第一是利用买各种原材料和蔬菜的机会。因为他们能够辨别物品的优劣进行选择，所以内务府便直接派他们去采买，于是其中财源大开。

北京地安门外离皇宫最近，又是内务府八旗的根据地，所以很多人在那里做和皇宫有关系的买卖。这些人不是御膳房的厨师，他们的孩子、亲戚甚至亲友等，都赚皇帝的钱。西太后垂帘听政时，曾调查过御膳房的财务。西太后吃的鸡蛋每个需银二两，而当时用一两银子能买一百五十个鸡蛋，由此可知他们是怎样赚钱的。

第二个赚钱的方法是，他们同地安门外的几家饭庄串通一气，销售御膳房剩下的原材料。当时地安门外的会贤堂和福全馆，就是因为买御膳房剩余的原材料而发财的。

清朝宫廷非常严格，内务府却很腐败。本来内务府的八旗和其他八旗的人是完全不同的，内务府八旗到底是皇帝的用人，受种种制度的制约，专门为皇帝服务，只听从皇帝的召唤，但在内务府当差的人，却变着法儿地赚皇帝的钱。清朝历代皇帝都受家法的约束，不沾这些小事的边。皇宫外的各机构也无权过问这些事，因此内务府的势力日益扩大。他们不关心政治，只算计皇帝心里想的。民国以后，清朝政权不保，一般的旗人没有出路的时候，内务府的旗人仍然有钱，并继续担当宫中的差事。

在"满洲皇帝"出清宫之前，皇帝同我丈夫溥杰一看当时的情况，连再当皇帝的野心也没有了。经常合计着到外面去玩，可又时常被内务府的旗人挽留。他们大概是怕没有皇帝就没了饭碗，从而失去发财的机会吧。

本来在满族人中，内务府的旗人不能同贵族结婚，他们的地位是很低的。我在"满洲国"宫廷的时候，有一位侍卫官叫存耆，他父亲增寿是清朝宫廷内务府的人，后来成了富翁，民国后和贵

会贤堂饭庄旧貌，京城八大堂之一，原为光绪时期礼部侍郎文武儒私弟

慈禧太后照片，上方横联上写着她的一长串徽号

族结了婚，恐怕他自己也成贵族了吧。

正像我在前面所说的那样，在皇帝的家属中，也有皇太后、皇后和贵妃等八个等级之别，这在明、清两代都是一样的。根据清《宫中则例》，身份在妃子以上的，生活独立；妃子以下的，则根据皇帝的指示而生活。皇太后、皇后的地位虽然高，生活费不固定，但还是有不能同皇帝比的限制。皇后和妃嫔的生活费用都由内务府提供，每天的生活费有一定的预算，用专用术语来说，这叫作"空份"。空份和身份是根据皇帝的喜厌来决定的，同时也考虑其实际情况。如果生了皇子或皇女，那么空份就增加三分之一。假如受到皇帝的宠爱，或近侍于皇太后，或因经常为皇帝服务而有功，那么根据清《宫中则例》，就受到赐字的殊荣。一赐字，就意味着增加空份。西太后垂帘听政于同治、光绪两代，计赐字十六个。这十六个字是：慈、禧、端、佑、康、颐、昭、豫、庄、诚、寿、恭、钦、献、崇、熙。这是清代后妃赐字的最高纪录。每赐两个字，每年的加餐费即空份就增加二十四万两银子。十六个字，计增给空份之外二百八十万两银子的生活费。[1]

根据清《宫中则例》，从"答应"渐渐升至贵人、妃、贵妃，最后升至皇后和皇太后是可能的。但在清朝宫廷中，晋升却是相当困难的。最重要的是要生皇子，如果这位皇子能继承帝位，那么就能够登上最高的台阶。在这方面，明宫不像清宫那样严格，所以在明朝宫廷中多次发生妃嫔事件。嘉靖二十一年（1542）十月，曾发生宫女谋杀皇帝的事件。原来，嘉靖帝最初喜欢宫女杨金英，并许诺将她升为妃。但后来嘉靖帝又喜欢上曹宫女了，并把曹升

[1] 日文版原文如此。

为端妃。杨金英认为希望落空，便于嘉靖二十一年十月的某天夜里，趁皇帝熟睡之机，用绳子要把皇帝勒死，幸亏绳子错了扣，皇帝才没被勒死。宫女张金莲将此事报告了皇后，皇后急急忙忙亲自把皇帝救了出来。这件事在《明史》中写得非常详细。像这样的事，在清朝宫廷一次也没有发生。

明朝末代皇帝崇祯帝是皇帝和一位宫女的儿子。明光宗稀里糊涂地和宫女发生了关系并生了崇祯帝，又稀里糊涂地把这位宫女赶出了皇宫。后来崇祯当了皇帝，怎么也没能打听出他母亲的下落。当时在民间有一幅肖像，崇祯帝亲自乘车从正阳门将他妈妈的肖像迎进宫中，刚让上了年纪的人判定完，崇祯帝就失声痛哭起来。像这样悲惨的事在清朝宫廷中一件也没有。

在妃嫔的日常生活中，空份以外的收入要看是否能得到皇帝的欢心。如果得到皇帝的欢心，就能得到许多赏品和金钱。妃嫔们脾气不一样，其中有喜欢交换物品的，也有让太监去买东西的，还有把攒的钱送回自己家里的，这些都不受约束。妃嫔之间也重交际。例如赶上端午节、中秋节、春节和生日，都要互相送礼品，宫廷也允许她们举行宴会招待。皇帝、皇后、皇太后在端午节、中秋节、春节、万寿节和千秋节时，均得到所有妃嫔献的礼品，而皇帝、皇后和皇太后也回赐给她们物品，但妃嫔以下的则没有这种待遇。

如果皇太后健在，皇后每天早晨要去给皇太后请安，妃嫔们则没有这种资格。皇后给皇太后请安回来以后，妃嫔们才能去给皇太后请安。妃嫔们每天做完规定的事以后，在闲暇时读书是很必要的。教我的人在宫中被称作"内教习"，通常一个月有几天是读书的时间。妃嫔们如果喜欢书画，可以上奏皇帝，皇帝便会命

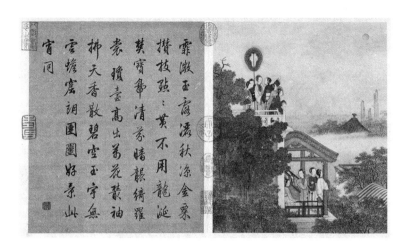

清宫廷画家绘《月曼清游图·琼台玩月》，描绘后宫嫔妃八月十五登高赏月情形

曾被光绪帝宠爱的珍妃

内务府派内教习来。

光绪帝最宠爱的是珍妃，她的内教习是著名学者文廷式。[1]珍妃非常有学问，是一位能写善画的人。

妃嫔们还必须学做针线活。其原因是，皇帝心情好的时候经常命妃嫔们献手艺。在乾隆二十六年（1761）四月二十二日的记录中写着："皇帝把黑白赤青黄五色丝和金丝做的钱包带回宫中，命慎嫔做。"像这类事在宫中不止一件。

在清朝宫廷中，每月要演两三天戏。这既是祖宗遗制，也是宫中的娱乐之一。但是，除了皇帝和皇太后作为奖赏许可妃嫔看戏之外，一般没有参加的资格。有意思的是，在妃嫔中间也有贫富差别。其所以如此，是因为皇帝喜厌不一，妃嫔性格各异，有好花钱的，也有交换礼品入迷的，还有因受皇帝的宠爱得到赏品而成为富人的。

所谓"空份"也是有一定规矩的。把妃嫔的地位和其所居的宫作为一个单位，可叫"储秀宫的空份""钟粹宫的空份"等。

把这种空份单写出来是十分麻烦的。从日常生活的必需品到太监、宫女、御厨师和用人的姓名，从执事人员及贵人、常在、答应等人的姓名和妃嫔的身份，都应一一填写清楚。通常各宫必须设太监总管一人，其权力是相当大的。不用说太监、宫女、执事和用人等听其指挥，就是妃嫔们的行动也得受其制约，甚至皇帝不宠爱的妃嫔也很容易被他们所害。

太监、宫女以外，一切在宫中当差的人都不能同妃嫔们见面。

---

[1] 珍妃进宫前就跟文廷式读书，入宫后向光绪帝秘荐文廷式，文因此在光绪十六年（1890）庚寅大考中跃居榜眼。详见王子林：《珍妃之死》，载《中国宫廷生活》，上海文化出版社1996年版，第733页。

储秀宫前的宫女

光绪时期的宫廷腰牌

如果万一在路上碰到了妃嫔们，必须立刻转过身去，这在清朝宫廷用语中叫作"回避"。

这样的"空份"都由内务府负责应酬。在内务府这样腐败的机构中，是有许多卑劣的做法的。对于不能得到皇帝宠爱的妃嫔，他们会用自己想出的种种办法不让她们出来。他们用很坏的米换走好米，随意抽走调料和蔬菜。看来他们发财的办法确实令人感到惊奇。总而言之，虽是妃嫔，世态炎凉却是不一样的。

以上是皇帝及其宫廷内亲属的简单情况，我想看到这里您对于他们的饮食和日常起居也就比较清楚了。

下面想简略介绍一下宫廷中一般人的生活。

能够住在宫廷的人，有内廷和外廷之别。外廷指东华门、西华门和午门一带，在这些地方当差的人很多，他们不能在宫中吃饭。乾清门的侍卫等都实行交替制，再加上靠近皇宫，所以都去皇宫外的饭馆吃饭。所谓内廷是指三大宫殿的后面、所谓的皇宫内苑，在这里当差的人受到非常严格的限制，不许随便出入，因公务从内务府带腰牌来才能出入。他们一两个月才准许回一趟家，因此他们要在宫中食宿。但宫中没有专门为他们服务的饮食设施，所以他们的饮食都由各宫的膳房主理。尽管这是不许可的，但已成公开的秘密，而且各宫的厨师也把这个作为发财的办法，厨师们把空份剩下来的东西卖给他们，从中得到钱财。这些事本来没有说明的必要，为了介绍宫廷生活的全貌，所以才补充这几句。

松鼠黄鱼

这个菜是用中国北方鱼类菜的方法烹制而成的，在中国黄海，每年一到五六月，大量的黄鱼便成为美味。作为时令佳肴，松鼠黄鱼是十分名贵的，其制法也传入宫廷中。

大黄鱼[1]1尾，葱、鲜姜少许，油900克，酱油10克，醋20克，淀粉70克，白糖30克，料酒15克，水200克。

鱼去鳞掏去内脏，洗净后用刀从鱼咽部划至腹部、尾部，在鱼身上剞约1.5厘米宽、深6毫米的花刀，剞完后抖起鱼身，使其呈松鼠形。

将淀粉加水调成淀粉糊，将鱼身挂匀淀粉糊。葱和姜分别切成末。

将900克油倒入铁锅中，用大火烧热，鱼头朝下，冲炸后下入

[1] 大黄鱼：主要产在东海和南海，其中以舟山群岛的最有名，每年4—5月和9月为捕捞期。黄海和渤海出产的是常用于干炸的小黄鱼。

油锅中。如果油过热，将火改小，如此反复数次，直到将鱼炸挺。

在另一铁锅中倒入 20 克油，烧热后投入葱、姜，煸出香味时放入酱油、醋和水。

将 20 克淀粉放在小碗内，用水澥开，倒入调料锅中勾芡，做成炒汁。

鱼炸成后，放入盘内，浇上炒汁，听到"刺啦"一声即可。

炸的时候，一定要将鱼身炸挺。此菜趁热吃最好。

烧明虾 [1]

这个菜是按天津的方法制成的。每年三四月在天津鲜虾大量上市，于是便发明了这种吃虾的方法。

大虾 10 尾，葱半根，鲜姜末 10 克，大蒜末 10 克，酱油 25 克，料酒 10 克，油 450 克。

去掉虾的须和足，不去皮，用水洗净后抽去脊线和腹线，用刀背将虾身轻轻拍松。

将 450 克油倒入铁锅中，用大火烧热后下入大虾，炸 10 秒钟左右捞出。将锅内油大部分倒出，留 30 克，仍将锅坐火上，投入葱、姜，炝出香味后放入酱油，下入大虾，再加入蒜末和料酒，炒四五秒钟，出锅装入盘中，即可供食。

这是天津的制法，近来又出现一种中国一般的做法，因其制作时加入了番茄酱，所以失去了这个菜的本味。

---

[1] 明虾：即人虾、对虾，每年 4—5 月和 9—10 月黄海及渤海的大虾上市。

（康熙）青花鱼龙变化纹瓷盘

清宫廷画师绘《慈宁燕喜图》，描绘乾隆帝为其母崇庆太后举行寿宴的场景

瓦块鱼

这个菜是河南地方菜，康熙帝视察黄河工程的时候非常喜欢这个菜，从此便传入宫廷。

鲤鱼约450克，葱花30克，鲜姜末15克，白糖10克，料酒15克，油450克，淀粉60克，醋10克，酱油20克。

鱼去鳞，洗净后抹上淀粉。

将450克油倒入大锅内，用大火烧热后改成小火，立即下入鱼，再把火改大。油过热时再把火改小，将鱼炸至金黄色出锅。

炸鱼的时候，同时在另一锅中倒入20克油，烧热后投入葱、姜，炝出香味时依次加入酱油、醋、白糖、料酒和适量的水，烧开时尝尝味，若口轻可加入适量食盐，用水淀粉勾芡，汁熟后浇在鱼上即成。

炸鱼和炒汁必须同时进行，把汁浇在鱼上时，以听到"刺啦"一声为好。如果鱼一凉，即使浇上热汁也不好吃了。

红烧肚当

这个菜是江南地方菜，乾隆年间传入宫中。现在，这个菜还保留在中国扬州的地方菜中，因为比较费料，所以一般很少做。

鲜鱼4尾，酱油30克，白糖20克，淀粉20克，料酒10克，鲜姜、葱各少许，油80克。

鱼洗净后去鳞掏去内脏，把鱼腹部（薄而无骨的部分）切成宽3厘米、长2厘米的片[1]，四尾鱼的腹部共切30片，鱼背身另做他用。

---

[1] 日文版原文如此。长宽颠倒了，但有可能是对应鱼的身宽和身长的方向而切成。下同不注。

（康熙）霁蓝釉白鱼莲纹盘

白釉粉彩描金花鸟纹椭圆形盘（清宫旧藏）

把鱼腹片放入碗内，加入酱油^[1]，用手抓拌后，腌约 20 分钟。

葱、鲜姜切成末。

铁锅上大火，倒入 60 克油，烧热后下入鱼腹片，煎约 1 分钟取出。

把另一锅放在小火上，倒入 20 克油，烧热时投入葱、姜，再加入酱油 10 克、白糖 20 克和适量的水，烧开后放入鱼腹片，用小火煨 3 分钟左右，再开大火，淋入水淀粉勾芡，出锅装入盘内，即可供膳。

这个菜趁热吃最好，一凉就变味了。因为做这个菜需要四条鱼，所以比较费料。

红烧鲤鱼

这个菜是河南地方菜，黄河鲤鱼在中国被视为珍味，那里的人很早便发明了这种吃法。其后，中国各地餐馆纷纷仿效这一做法，现在已遍及全国。即使在今天的日本，这个菜也很常见了。

大鲤鱼 1 尾，酱油 50 克，油 450 克，料酒 20 克，白糖 20 克，葱、鲜姜各少许，香菇少许，冬笋少许，水 300 克。

去掉鲤鱼的鳞，掏去内脏，洗净后用刀在鱼身上划深约 3 毫米、长 6 厘米的斜刀，划毕将鱼放入盆内，加酱油 30 克、料酒 10 克，抹匀后腌渍 20 分钟。葱、鲜姜和香菇（水发后）各切成末备用。

把油倒入铁锅内烧热，下入鲤鱼稍炸捞出。在另一锅内倒入油 40 克，用小火烧热，投入葱、姜，煸出香味时加入酱油^[2]、白糖、香菇末和适量水，汤开后下入鱼，改用小火煨至汁渗入鱼中即可出锅装盘。

---

［1］ 一般还加入料酒。
［2］ 此处应放入剩下的 10 克料酒，出锅时应放入冬笋片。

在民间的做法中，红烧鲤鱼还放入许多时蔬。这个菜也是趁热吃最好。装盘时要注意千万别将鱼弄碎了。

糟熘鱼片

这个菜为山东名菜，济南的鱼非常有名。从明朝时开始，糟熘鱼片就作为宫廷美味了。

鲜鳜鱼1尾，香糟酒20克，水150克，白糖20克，油50克，葱20克，鲜姜10克，淀粉60克，食盐3克。

鱼去鳞，掏去内脏，用水洗净后片成两扇，去骨后片成厚3毫米、宽3厘米的薄片，用水淀粉抓匀。

将鲜姜切成细末，葱也切末。

在小碗内放入葱、姜、香糟酒、白糖、食盐、水淀粉和适量水，对成碗芡。

将铁锅放在大火上，倒入油，烧热后立即下入鱼片，注意不要将鱼片煎碎。然后倒入碗芡，汁熟后立即出锅装盘，即可供膳。

这个菜趁热吃最好，一放凉味道就差了。

清炒虾仁

这个菜是江南扬子江下游地区的名菜，乾隆年间传入宫廷，为历代皇帝所喜食。

虾（长3厘米）450克，鲜姜片4、5片，葱1棵（长30厘米），料酒10克，食盐4克，淀粉35克，油35克。

剥去虾皮，用小刀划去虾的脊线。将葱白切成末，姜片也切成末。

铁锅用大火烧热后倒入油，投入葱、姜，煸出香味后放入用水淀粉抓匀的虾仁，翻炒后加入食盐和料酒，再炒三四秒钟后装入盘内，即可供膳。

在中国民间这个菜一般还加入青豆，宫廷中的清炒虾仁则什么青物也不加。这个菜趁热吃最好，一凉味道就变了。再有选虾仁的时候，要选一样大的，这样才能使做出的清炒虾仁美观悦目。

抓炒鱼

这个菜起源于北京，北京离海较远，鱼不太多。一般情况下鱼是从天津运抵京城，因此在烹调方法上，是用做肉菜的方法来做鱼。此菜何时传入宫中，目前还不清楚。

鲜鱼1尾，鸡蛋2个，油450克，酱油20克，葱、鲜姜各少许，胡椒粉5克，淀粉100克，水100克。

鱼去鳞，掏去内脏，用水洗净后片成宽3厘米、长5厘米、厚6毫米的片，共四五十片。

将鱼片放入碗内，撒入胡椒粉，抓匀。

将鸡蛋磕入碗内，加入淀粉和适量水，用筷子搅匀。葱切成1.5厘米长的莲花葱，鲜姜切成薄片。

将450克油倒入大铁锅内，用大火烧热，将鱼片裹上鸡蛋糊，一片一片地下入油中，分两次将鱼片炸成金黄色捞出。

将另一锅放在火上，倒入20克油，烧热后投入葱、姜，炝出香味时放入酱油和少许水，烧开后下入炸好的鱼片，改用小火，煨至汁尽时[1]出锅装盘。

普通的抓炒鱼配有多种蔬菜,反而味道不纯正。加之糊内未入味,所以其做法不值得提倡。这个菜趁热吃最好。

炒鱿鱼

这个菜为扬州名菜,乾隆年间传入宫中。在民间的扬州菜馆里,无论哪一家都有这个菜。

干鱿鱼3条,酱油20克,料酒5克,白糖10克,葱、鲜姜各少许,油450克,碱面少许,香菜少许。

往大碗内倒入半碗温水,加入少许碱面,放入干鱿鱼,用盖盖严,浸泡两天,待鱿鱼变软后即可使用。

鲜姜、葱和香菜各切为末。将泡软的鱿鱼漂净,去掉头、须,抽去内脏,片成宽3厘米、长4厘米的斜片,再用刀在鱼片上每隔1.5毫米划一刀,划二十余刀[2]。注意不要划透,以免鱼片遇热不打卷。

将450克油倒入锅内,用大火烧热后放入鱼片,拨散后立即捞出,不许过火。

在另一锅内倒入20克油,用大火烧热,投入葱、姜,炝出香味时放入鱼卷,加入酱油[3]、白糖和料酒、香菜,颠炒两秒钟左右立即出锅装盘即可供膳。

此菜务必旺火速成,趁热吃最好。

---

[1] 抓炒鱼片一般是将碗芡倒入锅中炒好再放炸好的鱼片翻炒出锅,碗芡内还有白糖、醋等,为甜、酸、咸口味。

[2] 一般是先在整片鱿鱼的内肉肌一面剖花刀,然后再分片。

[3] 现在的炒鱿鱼一般不放酱油,但要放胡椒粉等。

干烧鲫鱼

这个菜也是扬州名菜，乾隆年间由苏州名厨张东官传入宫中。现在在中国南方的餐馆中，虽然也经营这个菜，但原料稍有变化。而在宫廷，却一直按最初的方法制作，因而没有变化。

鲫鱼1尾（450克重），葱5棵，鲜姜少许，酱油50克，料酒15克，油75克，白糖20克，醋15克。

（1）鱼去鳞，除去内脏，洗净后在鱼身上划1.5毫米深的斜刀。

（2）把鱼放在盆内，加酱油40克、白糖10克和料酒5克，用手将料汁抹遍鱼体，腌渍20分钟。

（3）将葱剥皮去根，洗净后切成9厘米长的段。

（4）鲜姜洗净后切成末。[1]

将50克油倒入锅内，用大火烧热，下入鱼，用小火将鱼煎至两面金黄出锅，放入葱段，用余油将葱煸香取出。

在另一锅内倒入25克油，烧热后放入姜末、酱油、白糖、料酒和醋，烧开时下入鱼，将煸好的葱段码在鱼两侧，煨至汁尽即成。

这个菜冷热食之均可，现在仍然是江南地方的家常饭菜，不过因为加入了许多蔬菜，所以不怎么好吃。

拌虾腰

青虾（大个儿的）750克，猪腰子3个，酱油40克，醋20克，

---

[1] 日文版对部分菜品的制作步骤加了序号，参考其他菜品的写作方式，似无此必要。本书一仍其旧，全书下同。

香油 25 克，花椒 10 粒。

剥去青虾的皮，抽去脊线，用开水将青虾浇成半熟。

猪腰一片两半儿，剔去腰内白筋，再斜片成薄片，用开水烫至色白，然后和青虾一起分别码在盘内。

将酱油和醋倒在碗内，把香油倒入锅里，烧热时投入花椒，炸煳后倒入酱油、醋，浇在虾、猪腰上即可上桌。

熏　鱼

鱼 2 尾，葱 1 棵，鲜姜 10 克，料酒 20 克，好汤 200 克，白糖 15 克，淀粉 20 克，八角 1 个，酱油 50 克，香油 25 克。

鱼去鳞去鳃，除去内脏，用盐水洗净后切成宽 2 厘米的块，用热油冲炸两次。

在另一锅内倒入香油，烧热后投入葱花、姜末和八角，再放入炸过的鱼块，烹入酱油、料酒、好汤、白糖，然后用小火煨透，出锅前淋入水淀粉。

在中国才有做这个菜的器具，那才是真正的熏鱼，这一点在日本办不到，因而这里只介绍个大略。

清蒸比目鱼

比目鱼 1 尾，鲜姜 20 克，盐 4 克，料酒 25 克，猪脂油 50 克，葱半棵，豆豉 10 粒，水 250 克。

把比目鱼洗净，在鱼身两面划 2 厘米宽的斜刀。

鲜姜洗净切成末，撒在鱼上，再放入盐、料酒、豆豉、葱和切成

1厘米见方的猪脂油丁，入笼蒸40分钟左右[1]。注意不要蒸过火，一过火就不好吃了。

蟹肉海参

海参（干的）10条，蟹（鲜活的）4只，葱1棵，笋2根，鲜姜1块，中国特产香菇6朵，油60克，盐5克，料酒25克，酱油20克，清汤200克，淀粉35克。

将海参放进水里泡三天。注意不要沾上油，否则就不柔软了。然后用清水煮一次，再放进水里泡1小时，最后再用清水煮一次，用水泡起待用。

将泡好的海参切开，除去内脏，洗净。活蟹上笼蒸后取出蟹肉。若有蟹籽一并取出待制。葱、笋、鲜姜和香菇分别切成长3厘米的丝。

铁锅烧热，倒入30克油，投入姜丝，炸出香味时取出不要，然后放入海参，快速翻炒，加入料酒10克、酱油10克，炒透出锅。

在另一锅内倒入30克油，烧热后投入姜丝，炸出香味时取出，接着投入笋丝、香菇丝和葱丝，翻炒后放入拆出的蟹肉、酱油、料酒和好汤，稍炒后再下入海参，待海参入味时淋入水淀粉勾芡即可出锅。

红烧鱼翅

竹笋50克，香菇2朵，海米10只，鸡汤250克，料酒20克，酱油40克，香油15克，盐适量，干鱼翅3个，淀粉40克，葱少许。

---

[1] 日文版原文如此。

把 2 个 [1] 鱼翅用水泡两天，然后用碱水煮 3 小时，用清水漂过后再用水浸泡。最后再用碱水煮 3 小时，放进水中浸泡。如此反复煮、泡，直到柔软为止。接着搓去黑皮，成为净翅。

竹笋、香菇和葱分别切成长 3 厘米的丝。

把海米放入鸡汤中，上火烧开，做成鲜汤。

在另一铁锅内倒入香油，烧热时投入笋丝、葱丝和香菇丝，煸出香味后倒入鸡汤，接着下入鱼翅，加入酱油，以调成薄茶色为度，再加入料酒和盐，煨 30 分钟。出锅前淋入水淀粉，把火改小，再滴入香油即成。

奶汁二白

鲍鱼 3 个，牛奶 25 克，盐适量，龙须菜 20 根，鸡油 25 克。

将鲍鱼蒸软，用刀削去表皮，并摆成原来的形状，然后和龙须菜放在一个汤盘内。

将鸡油放入锅内，烧热后加入牛奶和盐，再倒在鲍鱼和龙须菜上，上笼蒸至汁剩一半时出锅。

烩蟹肉

螃蟹 5 只，葱 5 根，鲜姜少许，酱油 20 克，好汤 200 克，料酒 20 克，醋 15 克，淀粉 25 克，白糖 15 克，猪油 40 克。

将活蟹洗净，入笼蒸 30 分钟，出笼后拆出蟹肉。

[1] 日文版原料栏中为 3 个鱼翅。

将猪油倒进锅内，烧热后放入葱、酱油、好汤、醋、白糖、料酒和姜，汤开时下入蟹肉，再开时淋入水淀粉，汁浓时出锅。

如果蟹籽多，此菜味道更美。

清蒸鲤鱼

鲤鱼1尾，猪脂油1块，料酒25克，葱半棵，鲜姜少许，盐适量，白糖10克。

将鲤鱼洗净，去鳞去内脏，然后在鱼身上划十字花刀。将猪脂油切成手指肚大的丁，葱和鲜姜各切成末。

把鲤鱼放进蒸碗内，将猪脂油丁填入鱼腹中，撒上葱、姜末。

在另一碗内倒入料酒、白糖、盐和适量水，搅匀后浇在鱼上，用

（乾隆）粉彩塑果品蟹盘

大火蒸 20 分钟即可出笼供膳。

这个菜是河南菜，河南靠近黄河，黄河鲤鱼非常有名，宫廷也采用这种烹调方法来品尝鲤鱼。做此菜时，蒸的时间不可过长。一过火，鱼就不鲜嫩了。吃的时候蘸姜汁醋，味道格外鲜美。

酥　鱼

鲫鱼 10 尾，葱 4 棵，鲜姜 3 厘米大的块 5 块，香油 25 克，醋 50 克，酱油 50 克，料酒 20 克，甘草 2 片，白糖 75 克。

鲫鱼去鳞，除去内脏，洗净。

葱切成 5 厘米长的段。

将醋、酱油、料酒、香油和白糖放入一个碗内搅匀。

在中国做这个菜的时候，要用大砂锅。而日本没有这种砂锅，所以使用陶锅或铁锅也可以，但必须是大锅。锅找好后，要在锅底垫个器皿，以防鱼巴锅。然后把甘草放入布袋里放在锅内，再码上葱段，码好后再码上鱼，如此一层葱段一层鱼地码完后，倒入早已搅匀的料汁，放入鲜姜，倒入水（以汁水没过鱼为度），将锅盖严，用小火焖四五个小时[1]，用耳朵听到无水汽沸响时即成。此时汁完全吃入鱼内，连鱼骨也是酥软的了。

这个菜是山东菜，北京的山东菜馆均卖此菜，更不用说宫廷了。但宫廷的做法与民间的不一样，宫廷的酥鱼鱼骨必须酥软，味道一定要上乘。此菜为绝好的酒菜，放一星期也不会坏。

---

[1] 日文版原文为蒸四五个小时。

豆瓣鲫鱼

鲫鱼10尾,葱2棵,鲜姜1片,青豆[1],猪油[2],猪肉片40克,好汤200克,蚕豆瓣酱15克,料酒10克,淀粉25克,香油适量[3]。

活鲫鱼去鳞除去内脏,用盐水洗净后,在鱼两侧划网状花刀,抹上淀粉、料酒和油,放30分钟。

锅上火烧热,用鲜姜将锅底擦亮,这样再煎鱼时可使鱼不巴锅,然后倒入香油,烧热时下入鱼,鱼上色后取出。

将猪油倒入锅内,放入猪肉片、葱花和姜末,翻炒后加入豆瓣酱[4]和好汤,再放入焯过的青豆,烧开时放入鱼,使鱼两面烧入味,盛入盘内。将锅上火,汁内淋入水淀粉,汁熟后浇在鱼上即成。

[1] 日文版此处原文无数量。
[2] 日文版此处原文漏掉猪油。
[3] 日文版此处漏掉香油。
[4] 日文版此处原义误作酱油。

烩两鸡丝

熏鸡半只，鲜鸡肉180克，葱1棵，竹笋1根，香油25克，盐适量，好汤250克。

先将熏鸡脱骨取肉，再将肉按顺丝方向撕成丝。

将鲜鸡肉切成约长3厘米、6毫米见方的丝。葱和竹笋分别切成长3厘米的丝。

用香油将葱丝、笋丝和生熟鸡丝同炒，放入适量好汤，用盐调好口味即成。[1]

---

[1] 此菜一般要淋水淀粉勾薄芡。

《紫光阁赐宴图》局部

白斩鸡

雏鸡1只，酱油25克，香油25克，芝麻酱15克，葱半棵，鲜姜少许，芥末糊20克，酱豆腐[1]。

将雏鸡洗净，掏去内脏。大锅内放适量水，烧开后在离水面3厘米的地方架根木棒，把鸡拴在木棒上，其位正处锅中央。然后用开汤从上向下浇鸡身，约两个小时[2]。这是根据传统方法制作的，因此它和蒸鸡、煮鸡不是一个味。鸡熟后，用手随意撕成片，整齐地码在盘里，与做好的调味汁一起上桌。

调味汁的制法是：将鲜姜末、酱豆腐25克、芥末糊、酱油、香油、

---

[1]　日文版此处无数量。

[2]　日文版原文如此。

（康熙）五彩海水龙纹瓷盘

芝麻酱等调味料放在一起搅匀即成。

以这种白斩鸡为基础，还可以做成麻辣鸡（芝麻酱、辣椒油和葱花调成的味汁）、姜汁鸡（鲜姜末、醋和酱油配成的味汁）、拌鸡丝（醋、香油、酱油拌鸡丝）和拌鸡片等。

烩鸡蓉

鸡脯肉 5 块，鸡蛋清 1 个，淀粉少许，鲜姜、葱各 15 克，料酒 20 克，盐、白糖各适量，紫苏叶两三片，油 25 克。

剥去鸡脯肉皮膜，用刀背轻轻地将脯肉砸成泥，加鸡蛋清和少许淀粉搅匀。

葱、姜分别切成末，与料酒、盐、白糖和少许水放在一起调匀。[1]

紫苏叶洗净后切成丝。

把油倒进锅内，烧热时下入鸡蓉，搅炒后倒入对好的碗芡，芡熟时撒入紫苏叶丝即可出锅。

清蒸口蘑鸭

家鸭1只，口蘑20克，葱1棵，盐适量，浓鸡汤200克[2]。

家鸭（按即填鸭）洗净后掏出内脏，用风筝线系上头，呈弯颈戏水状。

把浓鸡汤倒进深底砂锅内，放入填鸭，鸭成卧式，加入葱段和口蘑汤[3]，上笼用小火蒸[4]五六个小时，至鸭肉酥烂时出笼，用盐和其他调味料调好口味即可上桌。

如果鸭肉已酥烂而汤不够时，可添加少量汤稍微炖一下，适合口味清淡的人食用。

肥鸡火熏白菜

此菜为苏州名菜，系由江南著名厨师张东官传入清宫。张东官本是苏州人，曾在江宁陈家当厨，后来随乾隆帝来到北京，在宫中执厨多年。乾隆帝晚年喜食味厚之物，张东官献上此菜时，

---

[1] 日文版此处无淀粉，据下文应加水淀粉。

[2] 日文版此处无浓鸡汤，现据此菜制法补。

[3] 日文版此处无口蘑汤，译者据菜名和烹调常规补。

[4] 日文版此处作"煮"。

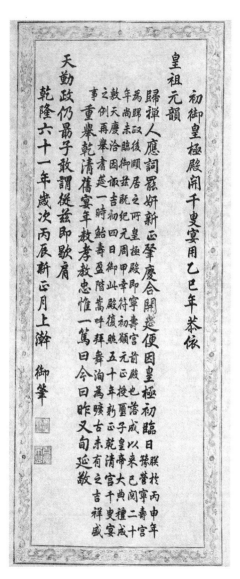

乾隆御制《千叟宴诗》（嘉庆元年）

乾隆帝非常高兴，从此肥鸡火熏白菜便成为清宫传统名菜。

肥鸡1只，白菜（大棵的）1棵，猪油200克，料酒25克，酱油35克，葱少许，鲜姜10克，花椒5克，八角3枚，白糖25克，油20克，水200克。

（1）鸡宰杀后煺尽毛，洗净后掏出内脏。

（2）放进锅内，加水、酱油（20克）、料酒（少许）、白糖（10克）、花椒（5克）和八角（3枚），用中火炖20分钟，炖完将鸡出锅。

（3）在另一锅内（锅深30厘米、直径25厘米）放入白糖（10克）、料酒（20克），点燃冒浓烟后放上高腰器皿（内装有炖好的鸡），把锅盖严，勿使烟气外漏，熏约1小时。

（4）鸡熏好后，脱骨取肉，将肉切成细丝，每份必须有15克鸡丝。

（5）将白菜切成宽1.5厘米、长6.5厘米的条。锅内倒入200克猪油，烧热后放入白菜条，翻炒到白菜微黄时取出。炒到最后的时候，务必使吃到白菜里的油渗出，这样才不腻口。300克白菜只能做一个肥鸡火熏白菜。

（6）葱切成斜丝，约10克。鲜姜[1]切成末，约5克。

锅内倒入油（20克），投入葱、姜，再加入酱油（15克）、料酒、白糖和少许水，烧开后放入白菜和鸡丝，用中火煨至汤尽即成。

此菜冷吃、热吃都可以。

---

[1] 日文版此处误作"葱"。

豆丝锅烧鸡

1784 年 3 月 [1]，清乾隆帝巡视江南，下榻在江宁 [2] 安澜园陈家时，陈元龙向乾隆帝献上了此菜。乾隆帝非常喜欢，此菜从此便传入宫中。现在，北京的仿膳饭庄还经营这个菜。

肥鸡 1 只，豆丝 100 克，葱 1.5 棵，鲜姜 1 块，酱油 45 克，白糖 15 克，料酒 10 克，油 10 克，水 500 克，食盐 12 克。

将鸡煺毛除去内脏，洗净后放入锅内，加水、酱油（25 克）、料酒（10 克）、葱（1 棵）、鲜姜（1 块），用中火炖 30 分钟后出锅。

豆丝切成长 4 厘米的丝，葱切末，姜切成薄片。

将炖好的鸡拆成细细的丝。

锅内倒入油，烧热后投入葱、姜，煸出香味时放入酱油（20 克），烧开后先加入豆丝，翻炒 1 分钟，再放入鸡丝，加入适量水和食盐、白糖，炒至汁尽时出锅装盘，即可供膳。

菜出锅时，汁必须吃到鸡丝和豆丝中，否则带汤汁装盘，味道就不美了。此菜最好趁热吃，放凉后加热再吃也可以。

叫化鸡

说起此菜的由来，还有一段有趣的故事呢。据说从前在中国北方的乞丐中也有偷鸡的人，他们没有工作，整天流浪，靠偷鸡

---

[1] 乾隆在位 60 年，曾六次巡视江南。第一次是乾隆十六年（1751），第二次是乾隆二十二年（1757），第三次是乾隆二十七年（1762），第四次是乾隆三十年（1765），第五次是乾隆四十五年（1780），第六次是乾隆四十九年（1784），故此菜应是在乾隆帝第六次南巡时所食。

[2] 日文版原文如此。江宁即今南京，安澜园当在浙江海宁。

体和殿慈禧膳桌

过日子。他们将偷来的鸡又卖给人家，或是自己吃了，但因为他们没有烹调工具，又不能跟人家借，于是便发明了一种新的烹调方法。把一只活鸡拿到河岸边，宰杀后不煺毛，只在鸡腹划个口，从划口处掏出内脏，灌进河水，冲洗干净后，再灌进酱油，用线将划口扎紧。接着把河泥抹在鸡身上，约3厘米厚，整只鸡就这样被河泥包严了。然后找到没人的地方挖个坑，坑深60厘米、宽1米。把捡来的木柴放进坑里，点燃后让它烧起来。待木柴都烧成灰时，放进鸡，用残火将鸡埋起来。埋好后，在坑口用树枝搭个十字架，做个记号就走了。第二天来到这里，扒开灰炭，就可以吃到美味鸡了。说来也巧，有时候这种事儿正好让别的乞丐看到，他们也来分享这美味并学会了这种烧鸡法。

1900年，中国发生了义和团运动。西太后慌慌张张地逃出北京，最初下榻在怀来县。这个地方非常贫困，当时的县令吴永事先不知道西太后会驾到这里，因此为西太后的吃食大伤脑筋。正在这时，西太后的随行人员中有个太监是怀来县人，他知道当地的乞丐有做烧鸡吃的，便报告了西太后。西太后听了觉得挺有意思，便命人去做叫化鸡。太后吃了这叫化鸡，感到格外清香。后来回宫后，即命御厨师制作此菜，叫化鸡就这样传入宫中了。

肥母鸡1只，酱油60克，葱1棵，鲜姜2块，白糖10克，料酒15克，面粉25克。

（1）将鸡宰杀不煺毛，从腹部划个5厘米的口，从划口处掏出内脏，用水将腹内冲洗干净。

（2）将葱切成长3厘米的段，共4段。

（3）鲜姜用刀拍碎。

（4）面粉放入碗内，加水调稠。

（5）将酱油、料酒、白糖和适量水放入一个碗内搅匀。

先用细绳将鸡肛门扎紧，抹上面粉糊，再将调好的味汁从划口处灌进鸡腹内，用细绳将划口扎紧，涂上面粉糊，最后用河泥将鸡整个糊住，泥约厚6厘米。

在空地挖一深60厘米、长宽各60厘米的坑，投入燃烧的木炭，木炭约占坑三分之二的地方，把鸡埋入木炭中。大约两个小时以后，取出鸡用耳朵听一听，感到泥内的鸡肉"噗噗"响的时候，说明鸡已经熟了。砸泥时，不要立刻取出鸡肉，最好用刀在泥上剁个口，用两手将泥整个掰去，这样就连鸡毛也一块儿掰净了。然后用筷子把鸡拨到盘里，就可以吃了。

按照上述配方及制法做这个菜，不仅做得巧，而且味道好。倘若方法不对，不仅泥会沾到鸡肉上，而且鸡毛也不易拔净。还应该注意不要烤过了火，以防鸡肉被烤焦。

炸八块

这个菜是山东菜，明朝末年传入北京。北方的菜馆中一般都有这个菜，因此炸八块往往也被看成是中国的常见菜。至于此菜传入宫廷的具体时间，我还不大清楚。

雏鸡2只（4个月大），鸡蛋2个，淀粉75克，酱油40克，葱（长3厘米）2段，鲜姜4片，花椒少许，盐7克，油450克。

（1）鸡煺毛掏去内脏，洗净后剁下两大腿、两翅膀，鸡身剁成四块，腿、翅、身共八块，这样两只鸡共出十六块。

（2）大碗内放入酱油、鲜姜、葱，再加入剁好的鸡腿、鸡翅和鸡身块，用手抓匀，腌渍20分钟。

李鸿章

（3）炒锅内放入花椒，上火将花椒焙干，出锅后掺上盐，压成花椒盐。

将鸡蛋磕入碗内，加淀粉和少许水搅匀。

大锅内倒入油（450克），用大火烧热，鸡块挂上鸡蛋淀粉糊后，放入油中，炸约3分钟后捞出，随花椒盐一起上桌，即可食用。

此菜为时令菜，每年七八月时的雏鸡正是最可口的时候，特别适合做炸八块。此菜趁热吃别有风味。

宫保鸡丁

这个菜是李鸿章任北洋大臣时的喜食之物，后来传入宫廷。

民间也有此菜，做法与宫廷的一样。

鸡肉 230 克，葱、姜各少许，红辣椒 2 个，酱油 15 克，料酒 10 克，胡椒粉 3 克，油 60 克，淀粉 25 克，白糖 20 克。

将鸡肉切成 1 厘米见方的丁，加胡椒粉、淀粉抓匀。

葱、姜各切成末，红辣椒切成细丝。

锅内倒入油（30 克），烧热后下入鸡丁，拨散后出锅。

在另一锅内倒入油（30 克），烧热后投入辣椒丝，炸出辣香味时加入葱、姜末，稍煸后倒入酱油、料酒和白糖，汁开时放入炒过的鸡丁，翻炒后即可出锅供膳。

此菜必须趁热吃。制作时手要勤快，慢了鸡丁就不可口了。

清炒鸡片

此菜是按江南的制法传入宫廷的，成品菜色调美观味道清淡，非常适合夏季食用。

上等鸡肉 230 克，葱、鲜姜、大蒜各少许，青菜少许，料酒 15 克，盐 3 克，淀粉 40 克，油 50 克。

（1）将鸡肉片成厚 3 毫米、宽 2.5 厘米[1]、长 3 厘米的薄片，用淀粉抓匀。

（2）葱、姜、大蒜各切成末。

（3）青菜切成长 1.5 厘米的细丝。

锅内倒入油，烧热时投入鸡片，翻炒后加入葱、姜、大蒜末，稍炒后再加入料酒和盐，最后放入青菜丝，翻炒数下即可装盘食用。

---

[1] 日文版此处原作毫米。

此菜必须趁热吃，要旺火速成，炒至鸡片软嫩色白为佳。
青菜也不要炒过了火。

清蒸鸡

此菜是山东菜，也是一道很普通的中国菜。在中国，无论你走到哪里，都可以见到这个菜。至于它何时传入宫廷，现在还不清楚。

鸡1只，葱3厘米长的2段，鲜姜10克，口蘑（内蒙古产）4朵，甘草厚1.3毫米的1片，盐6克，竹笋少许，猪油20克，水300克。

（1）鸡煺毛掏去内脏，洗净。

（2）大锅内倒入水，用大火烧开后放入鸡，煮10分钟出锅。

（3）葱顺长一切两半，竹笋片成片，口蘑用水清洗干净。鲜姜切成末。

（4）将鸡放入蒸鸡盆内，加入水，以没过鸡为度，再加入猪油、葱段、鲜姜末、甘草、竹笋片、口蘑和盐，将盆放入笼内，用大火蒸3个小时即成。

这个菜虽说制作简单，谁都能做，但要使成品菜保持完美的鸡形却不是一件容易的事。

黄焖鸡块

这个菜是山东菜，民间也经常做。宫廷做这个菜时是绝不放蔬菜的，而在民间则往往加一些山药、萝卜或胡萝卜之类的时蔬。

肥鸡1只，葱2棵，鲜姜1块，酱油35克，油35克。

（1）鸡煺毛掏去内脏，洗净后带骨剁成 3 厘米见方的块。

（2）葱切成 6 毫米长的碎粒。

（3）鲜姜切成 4 片。

锅内倒入油，用大火烧热后投入葱、姜，煸出香味时倒入酱油，烧开后加入适量水，汤开时放入鸡块，用小火焖约 2 小时即成。

江南的黄焖鸡块还放白糖，而宫廷的却从不加糖。此菜越焖味道越好。

炒什件

炒什件虽然是一道很普通的菜，但民间的做法却很随便，原料可以任意增减。宫廷的炒什件不仅原料不能随意变动，而且制法也有一定之规。

鸡内脏 100 克，鸡肝 100 克，葱、鲜姜各少许，酱油 25 克，笋 200 克，热汤 100 克。

（1）将鸡内脏[1]切成厚 3 毫米、宽 1.3 厘米的薄片。

（2）将鸡肝也切成同样大的片。

（3）葱和姜分别切成末。

（4）嫩笋片成厚 3 毫米、宽 1.5 厘米、长 3 厘米的片。

（5）将切好的鸡内脏和鸡肝放在漏勺里，用开汤浇至色白。开汤一浇，腥臊全无，且柔嫩可口。

锅内倒入油，用大火烧热，投入葱、姜，煸出香味时放入酱油，烧开后加入嫩笋片和少许水，汤开时倒入鸡内脏和鸡肝，翻炒后即可

---

[1] 日文版原文作鸡肉，现据上文改。

出锅装盘。

此菜也须趁热食用。制作时速度要快，如果炒过了火肉变老，味道就不好了。

芙蓉鸡丝

这道菜是山东菜，其历史是很悠久的，宋代的《东京梦华录》中就记有这道菜的菜名[1]，但宋代的"芙蓉鸡丝"是怎样制作的，现在还不清楚，清代的做法是这样的：

鸡肉300克，鸡蛋3个，淀粉60克，葱、鲜姜各少许，盐5克，白糖15克，料酒15克，油60克，水100克。

（1）将鸡肉切成宽3毫米、长3厘米的细丝。

（2）鸡蛋磕开，去黄留清，将蛋清加少许水调匀，再加入淀粉（25克）、盐、白糖、料酒搅匀。

（3）将葱、姜末也加入碗中搅匀成碗芡。

（4）将鸡丝放入碗内，加湿淀粉（35克）抓匀。

锅内倒入油，用大火烧热，再改用小火，下入鸡丝。如果不把火改小，一来鸡丝容易老韧，二来颜色也不好看。

鸡丝拨散后，改用大火，烹入碗芡，待芡浓时即可出锅装盘。

此菜趁热吃最好，制作时注意不要将鸡丝弄过了火，装盘时此菜色白如雪，就算成功了。

---

[1] 译者在《东京梦华录》中未查到此菜。

桃仁鸡丁

此菜是苏州菜，由张东官传入宫廷。

鸡肉 300 克，核桃 6 个，葱、鲜姜各少许，酱油 20 克，料酒 10 克，白糖 10 克，淀粉 40 克，油 50 克。

（1）将鸡肉切成 1.5 厘米见方的丁。

（2）核桃去皮，一切两半，用开水泡 20 分钟，脱去桃仁皮，每个核桃仁分成 4 瓣，分时注意每瓣大小一样。

（3）把鸡丁放入碗里，加湿淀粉抓匀。

（4）葱、姜各切成末。

将油倒入锅内，用大火烧热，放入核桃仁，炸约 30 秒钟取出。接着下入鸡丁，拨炒 1 分钟，边炒边投入葱、姜末，最后加入酱油、料酒、白糖，稍炒后放入核桃仁，翻炒数下出锅装盘即可供膳。

此菜须趁热食用。制作时要掌握好火候，核桃仁要炸到既酥脆又无苦味为妙。

五香鸡

这个菜也是按照江南的方法制作的，原名"香酥鸡"，传入宫廷后改称"五香鸡"。此菜多在秋天食用。

肥母鸡 1 只，五香粉 15 克，酱油 40 克，油 135 克，白糖 15 克，花椒 10 粒，盐 6 克，料酒 20 克。

（1）鸡煺毛掏去内脏，用水洗净。

（2）大锅内倒入水，加入五香粉、盐，再放入鸡，用小火炖约 40 分钟出锅放入大盘内。

（3）小碗内放入盐、酱油、料酒、白糖和五香粉（5克），搅匀，趁热刷遍鸡身，刷至鸡身成酱红色时挂在通风处风干。

（4）小锅上火，放入花椒，焙干后倒在案板上，用擀面杖压成粉末，加入盐，掺匀盛在小盘内。

大锅内倒入油（135克），用大火烧热，放入鸡，炸至鸡呈金黄色时出锅装盘，随花椒盐一起上桌。

此菜趁热吃最好。制作时鸡既不可炖得时间过长也不能欠火，鸡炖得恰到好处，炸出的鸡才酥香可口。

鸡片烧豆腐

此菜始于北京。在民间制作时，要加入许多配料，宫廷的则只用鸡肉和豆腐。

肥鸡1只，豆腐1块，油450克，酱油25克，葱、鲜姜各少许，盐8克。

（1）鸡煺毛掏去内脏，用水洗净。

（2）大锅内倒入水（锅的四分之一量），加入葱（长6厘米的2段）、鲜姜（1片）、盐，再下入整鸡，用大火煮40分钟。

（3）将鸡汤倒在盆内。

（4）将鸡肉切成厚6毫米、宽1.5厘米、长3厘米的薄片。

（5）将豆腐切成厚6毫米、宽1.5厘米、长3厘米的薄片。

（6）大锅内倒入油（450克），烧热时下入豆腐片，炸至不太焦、色微黄时捞出。

（7）锅内放入油（35克），烧热后投入葱、姜末，煸出香味时加入酱油，再放入鸡汤，汤开后放入鸡片和豆腐片，用小火煨至汤汁将尽时出锅装盘即可供膳。

此菜趁热吃鲜美适口，晾凉后食用也别有风味。

鸡丁虾仁

此菜是苏州菜，乾隆帝巡视江南时曾吃此菜，从此便传入清宫。

鸡肉 200 克，鲜虾 400 克，葱、鲜姜各少许，料酒 15 克，酱油 15 克，油 50 克，淀粉 50 克，白糖 15 克，盐适量。

（1）将鸡肉切成 1.2 厘米见方的丁。

（2）鲜虾去皮，用刀划开虾腹，除净内脏。

（3）葱、姜分别切成末。

（4）将鸡丁 [1] 放入碗内，加入湿淀粉，用手抓匀。

锅内倒入油，用大火将油烧热，下入鸡丁 [2]，拨炒约 5 秒钟后放入虾仁，翻炒约 3 秒钟，加入葱、盐、酱油、料酒和白糖，翻炒数下即可供膳。

---

[1] 日文版原文作鸡肉片，现据上文改。

[2] 同上。

炒木樨肉

鸡蛋 5 个, 盐 5 克, 猪肉 200 克, 葱半棵, 鲜姜 1 块, 酱油 20 克, 木耳 (水发过的) 5 朵, 黄花菜 (水发过的) 少许, 香油 50 克, 水 80 克。

将鸡蛋磕入碗内, 打散, 加盐调匀, 用油摊熟, 再用筷子将鸡蛋拨散。

另一锅内倒入香油, 烧热后投入肉丝、葱花和姜末, 翻炒后加入酱油和少许水, 再放入黄花菜和木耳, 最后放入鸡蛋, 炒匀出锅装盘。

做中国菜必须用旺火, 煤气火力小, 烧煤的灶火力大, 因而能在短时间内炒出好菜。

清宫廷画家绘《平定西域回部战图·凯宴将士》

郎世宁等绘《塞宴四事图》中的宰羊、煮肉场面

荷叶肉

猪五花肉 400 克，大米 100 克，酱油 35 克，料酒 20 克，白糖 15 克，鲜姜 1 块，盐适量，荷叶 5 张。

将猪肉切成厚 6 毫米、长 3 厘米的条，加酱油、料酒、白糖、盐和姜末拌匀，腌渍 3 小时。

把米干炒成茶色，压成粉。把肉条滚上米粉。

荷叶选柔软的，用水洗净，每张荷叶放两三条滚满米粉的肉，包紧系好，用竹皮绳扎牢，上笼蒸 4 个小时[1]。蒸熟后带荷叶装盘，自吃自拆。

此菜带有荷叶的清香，其味之清雅简直无法用语言来形容。

红焖肘子

猪肘肉 2.5 公斤，鲜姜 1 块，大葱 1 棵，酱油 200 克，白糖 20 克，料酒 25 克，陈皮 2 片，八角两三瓣，五香粉 35 克。

将猪肘肉同鲜姜、大葱一起下锅煮，稍煮后倒去汤，再倒入清水，加酱油、白糖、料酒、五香粉和八角、陈皮（共包一布袋内），以汤刚没过猪肘肉为度，炖一两个小时。当猪肘肉酥烂、汤汁吃进猪肘肉中时取出料袋，保持原形将猪肘肉装盘，即可供膳。

烧羊肉

五香粉少许，陈皮 1 片，甘草 2 片，豆豉 20 克，酱油 50 克，

[1] 日文版原文如此。从实际操作看，荷叶肉一般蒸三四十分钟即熟。

香油 200 克，鲜姜 4 块，葱少许，羊肉 3 公斤[1]。

将羊肉切成厚约 1 厘米的大块，放入锅中，加水（肉的 4 倍），再放入酱油、葱、鲜姜、甘草、陈皮、五香粉、豆豉，烧开后改用小火把羊肉炖软。接着将羊肉出锅，下入烧热的香油中，冲炸后剁成块，再放入原汤中煨至汁尽。

这个菜存放一周也不变味，是肉食珍品，为纯粹的满族菜，宣统皇帝曾经常食用。

扒羊肉

羊肉是纯粹的满族肉食，清朝宫廷人员及满族人专门食用羊肉，清高宗乾隆帝非常喜欢这个菜。

羊肉（里脊肉和肥肉各一半）1.8 公斤，料酒 15 克，酱油 15 克，葱、鲜姜各少许，香油 5 克，花椒 10 粒，白糖 15 克。

整块羊肉洗净后放入锅中，加水（以没过肉为度）、葱段、姜片和花椒，用小火炖。汤开时撇去浮沫，炖至汤将尽时加入料酒和酱油[2]，再炖至汁尽肉熟为止。注意不要炖到肉过熟不好取出切的程度。

将炖好的肉出锅，将肉切成 1 厘米厚的条片[3]，一片挨一片地码在大碗里，注意码整齐。

将酱油、葱花、姜末、花椒、白糖、料酒和适量鸡汤对在一个碗内，搅匀后倒在肉条上，上笼用大火蒸至肉酥烂为止。出笼时滴入香油，即可上桌食用。

---

[1] 日文版此处无羊肉及其用量，现据正文补。
[2] 日文版原文如此。一般炖扒羊肉时所用的羊肉不放酱油。
[3] 日文版原文如此。按烹调常规，炖好的羊肉晾凉后才能切成长条片。

此菜肉条酥香，排放美观，必须趁热食用。在宫廷中，为了保温，有专门盛放此菜的器皿，上面是放肉条的汤盘，下面是盛开水的汤碗。民间的扒羊肉，肉下多垫以白菜和山药之类的时蔬，宫廷的则不加任何蔬菜。

酥　肉

猪肉（肥瘦相间的）800克，葱5棵，鲜姜（3厘米见方的块）5块，料酒25克，醋10克，海带3卷，白糖20克，香油20克，酱油40克，水600克。

将猪肉用水洗净，切成厚1厘米的块，葱切成长3厘米的段；海带用水泡发后切成长3厘米、宽1.5厘米的片；鲜姜切成手指肚大的块。

大锅内垫上盘，码一层葱，再码一层肉，肉上码一层海带，海带上码一层肉，肉上再码一层葱，如此将肉及配料码完。

在一碗内放入酱油、料酒、香油、白糖、醋、姜块和少许水，搅匀后浇在肉锅里，将锅盖严，锅沿可围上纸，以防漏气，用小火炖约一个半小时，至汤全吃进肉中即成。

此菜冷吃热吃都很好，出锅时要注意保持肉的原形，装盘时肉的周围放葱，海带另盛，这是河南的制法。宫廷的酥肉就是用上述方法制作的，成品菜具有虽是猪肉但不让人感到油腻的特点，最宜佐酒。

苏灶肘子

此菜是由苏州著名厨师张东官传入清宫，清宫膳单上的所谓

清宫灶王牌

"苏灶"[1]说到底,全出自张东官所主理的厨房。苏指苏州,灶指厨房。本来地方菜少滋味而多油腻,张东官深知这一点,进入清宫以后,他掌握了皇帝的饮食爱好,因此他做的菜很合皇帝的口味,菜肴多样而又香美,"苏灶"遂誉满宫廷内外。直到现在,北京民间没有不知道"苏灶"的。流行于北京民间的"苏灶肉"和"苏灶鱼"等,都是当年张东官传下来的。

　　猪肘子约1公斤,香油230克,料酒20克,葱1棵,水800克,陈皮2片,鲜姜100克,冰糖20克,香菇20克,甘草少许,萝卜(直径5厘米、厚3厘米的)2片。

　　先将猪肘子洗净,用火燎净毛。

　　锅内倒入香油(230克),用大火烧热,把锅从火上撤下来,放

---

[1]　译者在清宫御膳房膳底档中看到的,均作"苏造"二字,北京民间亦多称"苏造肉"。

入猪肘子，炸至色黄。

在另一锅内倒入清水，放入甘草。放甘草是为了除去猪肘子的异味，但放多了味苦。接着加入萝卜、陈皮、鲜姜和猪肘子，用中火炖1小时出锅。

把炖过的猪肘子放入砂锅内，加酱油、冰糖、香菇、料酒、葱、鲜姜和适量水，用中火煨1小时，至汤尽时即可供膳。

此菜十分名贵，其所以这么说，是因为猪肘肉是最油腻的东西，而用这种方法做成的肘子，却具有回味无穷、百吃不厌的特点。其制作原理是这样的：用热油冲炸猪肘子，是为了保持肘子的滋味；过油用香油，是为了使成品菜具有天然的风味；甘草、陈皮和萝卜一起下锅，是为了除去猪肘子的异味；最后加酱油、料酒和冰糖将肘子煨至汤尽，是为了使出锅的肘子越嚼越有滋味。

腰丁腐皮

这个菜是从山东传入宫廷的，明朝末年就有这个菜名了。当年北京的著名饭庄"致美斋"做这个菜最有名。其传入宫廷的具体时间，现在还不清楚，不过西太后是经常吃这个菜的。

猪腰子（个大的）3个，腐皮30克，淀粉30克，料酒20克，鸡汤150克，酱油20克，盐少许，葱、鲜姜各少许。

将猪腰子切成手指肚大的丁（约150克），加料酒（10克）和酱油（10克）将腰丁煮透。

腐皮用蒸汽噓软，切成长6厘米、宽1.5厘米的片（约30克）。葱切成丝，姜切成细末。

把适量鸡汤倒入锅内，烧开时放入腐皮，煮约5分钟。接着放入猪腰丁、酱油（10克）、料酒（10克）和姜末，烧开后放入葱丝，淋入水淀粉，汁熟时即可出锅供膳。

此菜不能冷吃，也不能加热，必须趁热食用。制作时不许放油。

炸丸子

这个菜是山东菜，在北京最为流行。其制法虽然简单，但宫廷与民间的仍有区别，宫廷的全以肉来制成，民间的则添加许多配料。

瘦猪肉200克，猪肥肉200克，淀粉35克，鸡蛋2个，盐5克，油450克，花椒10粒，胡椒粉2克。

（1）将猪肉剁成馅。

（2）将肉馅放入大碗内，加胡椒粉搅匀，再磕入鸡蛋，抓匀，最后加入淀粉和盐，搅匀后用手挤成2.5厘米大小的丸子。

（3）将花椒放入小锅中，用火焙干，倒在案板上，用擀面杖压成粉，掺上盐，放入小碟内。

大锅内倒入油（450克），用大火烧热，把锅从火上撤下来，逐个下入丸子，再将锅坐在火上，掌握好油温，将丸子炸至色变深黄时捞出，装盘后与花椒盐一起上桌。

做这个菜要注意掌握好油的温度，还要控制好炸的时间。炸的时间过长，丸子就皮了；火候不到家，丸子里面是生的。

炒肉末

这个菜是西太后想出来的，所以做法非常简单。直到现在，北京北海公园的"仿膳斋"，即现在的仿膳饭庄还经营这个菜。其吃法是和烧饼或花卷一起吃。

猪肉肥瘦各 200 克，葱、鲜姜各少许，酱油 40 克，青豆 25 克，油 25 克。

（1）将猪肉切成肉末。

（2）青豆洗净切成末。

（3）葱、姜也分别切成末。

锅内放入油，烧热后放入肉末 [1]，炒至肉末无水分时投入葱、姜，煸炒后加入青豆末，搅炒数下，倒入酱油，炒到汁尽时出锅装盘即可供膳。

做这个菜的时候，要选用新鲜的猪肉，如果肉不新鲜，就炒不出风味来。

红烧狮子头

这个菜是江南名菜，乾隆年间传入宫廷。

猪肉肥瘦各 200 克，鸡蛋 2 个，葱、鲜姜各少许，酱油 25 克，料酒 20 克，竹笋 10 克，淀粉 35 克，盐 4 克，油 450 克，白糖 15 克 [2]。

（1）剔去猪肉筋、膜，将肥、瘦肉分别切成 1 厘米见方的丁。

（2）将肉丁放在大碗内，磕入鸡蛋清，加入淀粉和盐，搅匀后团成 4 个 10 厘米大的丸子，放在汤盘内。

---

[1] 日文版原文如此。北京仿膳饭庄的"炒肉末"锅烧热后不放油，将肉末放入热锅中干煸。

[2] 日文版原文此料缺，现据正文补。

（3）葱切成末，鲜姜用刀背拍扁。

（4）竹笋片成长3厘米、厚6毫米、宽1.5厘米的薄片。

大锅内倒入油（450克），烧热后逐个下入丸子。注意不要将丸子炸焦，每个丸子炸约1分钟为好，炸完捞入大碗内，加入葱、姜，撒上竹笋片，倒入酱油、料酒、白糖15克和适量水，上笼用大火蒸2小时[1]后即可供膳。

做此菜时必须选用新鲜的猪肉，肉不鲜就不可口。

焦熘里脊

这个菜是山东菜，也是中国北方的普通菜，在宫廷中这个菜的做法和民间的一样。

猪瘦肉300克，竹笋25克，葱、鲜姜各少许，淀粉75克，胡椒粉少许，酱油15克，油450克，盐少许，水80克。

（1）将猪肉切成厚3毫米、宽1.2厘米[2]、长3厘米的薄片，撒上胡椒粉，拌匀。

（2）将淀粉（50克）放入碗内，加水用筷子搅成稠糊。

（3）葱、姜各切成末。

（4）竹笋片成厚3毫米、宽1.2厘米[3]、长3厘米的薄片。

（5）小碗内放入淀粉（25克），加水调稀。

锅内倒入油（450克），烧热时将肉片挂上淀粉糊逐片下入油中，炸焦后捞出。

---

[1]　日文版原文如此。一般蒸15分钟左右即可。

[2]　日文版此处原作毫米。

[3]　同上。

在炒锅内倒入油（25克），烧热后投入葱、姜末，然后放入酱油，再加入水（35克）和竹笋片，下入炸好的肉片，淋入水淀粉后颠翻炒锅[1]，翻炒数下即可出锅供膳。

做这个菜将肉片挂淀粉糊时，糊衣不要挂得过厚。

爆三样

此菜是满族菜，清朝未入关时，此菜原料以羊肉为主。入关后，虽然满族人喜食羊肉的饮食习惯没有改变，但此菜的制法已发生了变化。在满族家庭，人人都很喜欢这个菜。

羊肉200克，羊肝100克，羊腰子100克，葱、鲜姜各少许，大蒜10克，酱油35克，油35克，醋15克。

（1）将羊肉切成宽1.5厘米、长3.7厘米、厚1.5毫米的薄片。

（2）羊肝和羊腰子也切成同样大的片。

（3）葱、姜分别切成末。

（4）大蒜也切成末，放在小碟内，加入醋。

炒锅上火，倒入油，烧热后放入羊肉片，煸炒数下，投入葱、姜末，翻炒后加入酱油，再放入羊肝片和羊腰子片，颠炒数秒钟，倒入蒜末醋，翻炒后装盘即可供膳。

此菜必须趁热食用，一凉味就变了。制作要旺火速成。

---

[1] 日文版原文如此。为了使出锅后的肉片既挂上了芡汁又外焦里嫩，一般是先淋水淀粉炒芡汁再放肉片颠炒出锅，或是用扬芡法或烹芡法操作。

扣　肉

此菜是河南名菜，明朝时传入宫廷。在中国北方各地的宴会上，多有此菜。

带皮五花肉约 400 克，梅干菜 10 棵，葱、鲜姜各少许，酱油 50 克，料酒 25 克，白糖 10 克，油 450 克。

（1）将油（450 克）倒入锅内，烧热后下入带皮五花肉，皮面朝下，炸约 1 分钟，至皮面变黄捞出。

（2）将炸过的肉切成 3 厘米见方的块。

（3）梅干菜洗净后放入碗内，用开水泡 20 分钟，将其泡软。

（4）葱切成长 1.5 厘米的段，共 4 段。

（5）姜切成 2 片。

把肉块皮面朝下码入碗内，葱、姜码在肉的两侧和上面，接着码上梅干菜，倒入酱油、料酒、白糖，上笼蒸约 2 小时。出笼后扣上一个碗，然后端起两碗一翻个儿，撤去蒸碗，梅干菜就压在肉底下了，肉块皮面朝上，排列整齐，煞是好看，端碗上桌，即可供膳。

此菜选肉十分重要，必须选带皮五花肉才行。入口酥烂而不油腻，吃起来别有一番滋味，无论是热吃还是冷吃，都非常可口。

白　肉

此菜是纯粹的满族菜，在满族的传统习俗中，每年要举行两次祭祀祖先的仪式，每次要杀一头猪，此俗在宫廷中也不例外。祭祀祖先那天，皇帝必须亲自吃一点儿供奉祖先的猪肉。白肉的制法，就是从这一习俗中演变而来，以后逐渐传入北方各地，喜

坤宁宫内的煮肉灶台

食白肉的人也越来越多。现在，北京西四牌楼南大街有家名叫"砂锅居"的餐馆，还把这种白肉作为北京名食加以经营。

猪肉（五花肉）400克，葱、鲜姜、大蒜各少许，酱油35克。

（1）锅内倒入半锅水，放入鲜姜片、葱段，整块下入猪肉，用白水煮约20分钟后出锅。

（2）用刀将猪肉切成厚1.5毫米、宽3厘米、长6厘米的薄片，逐片码在大碗内，上笼蒸约2小时出锅。

（3）葱、姜、蒜分别切成末，每种需约1克，放入小碗内，加入酱油，即成味汁。吃的时候，用肉片蘸汁。

这个菜的做法虽然富有原始意味，但滋味却非常鲜美，别有一番风味。

红烧肉

此菜原是江南菜，以后传入各地。直到现在，仍被各地人普遍食用。红烧肉的宫廷制法与民间的稍有不同，民间的可随意添加材料，宫廷的则仍按最初的方法制作。

带皮五花肉 400 克，葱、鲜姜各少许，酱油 50 克，料酒 20 克，花椒 5 粒，白菜 100 克，白糖 10 克。

（1）锅内倒入水，放入整块五花肉、花椒、葱段、姜片，煮后捞出肉块。

（2）将肉切成宽 4.5 厘米、长 6 厘米、厚 6 毫米的片。

（3）大碗内放入酱油、白糖、料酒、葱（长 1 厘米的 6 段）和姜（1 片）。

（4）将肉片放入碗内，用手抓匀，腌渍 20 分钟。

把腌过的肉片皮面朝下，逐片码在大碗内，倒上腌过肉的酱油汁（一半）。

白菜片成斜片，码在肉上，倒上另一半腌过肉的酱油汁，上面放上葱、姜等，将碗入笼蒸约 2 小时后即可供膳。

在民间，肉的下面一般垫山药或土豆等；而在宫廷，冬季以白菜垫底，夏季则只垫菠菜。

熘肉片

此菜虽是北方的普通菜，其历史却很久远。记录宋朝东京（今河南开封）史事的《东京梦华录》一书中就载有此菜名。[1] 在宫廷，大体上是从明朝开始有这个菜的。

上等猪肉（最好是猪通脊肉）300 克，酱油 30 克，淀粉 60 克，油 50 克，姜 8 克，葱少许，料酒 15 克，鸡蛋 2 个，白糖 10 克，水 25 克。

（1）将肉切成厚 1.5 毫米、宽 1.5 厘米、长 3 厘米的薄片。

（2）把肉片放入碗 [2] 内，加湿淀粉（25 克）抓匀。

（3）葱、姜分别切成末。

（4）将葱、姜放入小碗内，再加入酱油、白糖、料酒、淀粉（35克）、鸡蛋清（2 个鸡蛋的）[3] 和水（25 克），用筷子调匀，即成碗芡。

炒锅内倒入油，烧热后把锅从火上撤下来，放入肉片，拨动四五秒钟，再将炒锅上火，立即倒入调好的碗芡，颠炒 3 秒钟，汁浓时即可出锅供膳。

此菜必须旺火速成，以肉片入口嫩如豆腐为佳。如果炒过了火肉片一老，味道就不好了。

糖醋樱桃肉

此菜是扬州著名厨师陈东官的拿手菜，乾隆四十五年（1780），清高宗乾隆帝巡视南方时，曾下榻在扬州[4]安澜园陈元龙家。陈府家厨陈东官烹制了此菜，乾隆帝吃后极为赞赏，当即赏给陈东官二两

---

[1] 译者在《东京梦华录》中未查到此菜。

[2] 日文版此处作锅。现据常规改。

[3] 按此菜的通常做法和"肉片入口嫩如豆腐"的标准，鸡蛋清常用来给肉片上浆。

[4] 日文版原文如此。安澜园当在浙江海宁。

银子，其后陈元龙将陈东官献给乾隆帝做御厨师。陈进入宫廷后，曾在承德离宫主理御膳，这些事均记载在内务府御膳房的档案里。

带皮五花肉550克，葱2棵，鲜姜1块，酱油25克，白糖35克，醋20克，油350克，五香粉少许。

（1）将猪肉切成1.5厘米见方的丁，所有的肉丁都要一样大。[1]

（2）葱、姜分别切成末。

（3）锅内倒入水（相当于肉量的三倍），放入肉丁，加入葱、姜末和五香粉，用小火煮约30分钟后将肉丁出锅。

炒锅内倒入油（350克），用大火烧热后将锅从火上撤下来，放入煮过的肉丁，冲炸后捞出。

在另一炒锅内倒入油（35克），用大火烧热后投入葱、姜末，加入酱油、醋和白糖[2]，放入炸过的肉丁，翻炒后即可出锅供膳。

此菜必须旺火速成才能出味。肉丁过油时，要趁其把油放出时出锅，这样吃起来才醇美不腻。最后烹制时，底油烧热后，必须立即放入葱、姜、酱油、醋和白糖。肉丁过油和最后的烹制，要连续进行，中间不许耽搁。

葱椒羊肉

据说满族人喜食羊肉，他们进入中原以前，由于生活古朴，所以饮食方面不大考究。来到关内以后，他们逐渐知道了汉族烹调的妙处，于是便对其饮食加以改善，但他们喜食羊肉的习惯却

---

[1] 日文版原文如此，但江浙地方的樱桃肉传统上是在一整块五花肉上剞小丁形花刀，成菜后一块肉就好像一盘一个挨一个的樱桃。

[2] 日文版原文如此。江浙地方传统的樱桃肉烹制时要放红曲汁和冰糖。

郎世宁《狩猎聚餐图》（局部），绘乾隆帝围猎后回到营地，等待将士们剥鹿皮、煮鹿肉，一起享用战利品

一直没有改变。当时的汉族名厨，为了迎合满族人的这一饮食习惯，便发明了许多烹制羊肉的新方法。鲜嫩而富有营养是羊肉的优点，缺点是有股膻味，因此，去其膻味而用调料保持其鲜美的滋味，便成为烹制羊肉的基本理论了。这里介绍的"葱椒羊肉"，就是当时有代表性的名菜。

　　羊肉（肥瘦各一半的）500 克，葱 3 棵，鲜姜 1 块，花椒（去掉花椒籽的）10 粒，酱油 40 克，纯正小磨香油 25 克。

　　将羊肉切成宽 3.3 厘米、长 6.6 厘米、厚 1.5 毫米[1] 的薄片，放

[1]　日文版此处原作厘米，现据下文改。

入锅内，加水（与肉量同）、葱（1棵）、姜（1片），用小火煮约20分钟后将肉出锅。

花椒放入锅内，焙干后放在案板上，用擀面杖压成粉，放入碟内。葱、姜各切成末。

锅内倒入小磨香油，烧热后放入羊肉片，接着撒入花椒粉，投入葱、姜末，翻炒数下后放入酱油，用小火煨至汁全吃进肉中时立即出锅，即可供膳。

此菜必须煨至汁尽时才能出锅，装盘时的菜肴以无汁为佳。焙干的花椒要压成粉，如果压得不细，会影响菜肴的味道。肉片也必须煮透。

锅肉萝卜 [1]

萝卜（选不辣的）2根，猪肉180克，葱半棵，鲜姜半块，酱油40克，淀粉25克。

萝卜去皮，切成长3厘米的滚刀块，放入热油锅中，炸至金黄色捞出。

炒锅内放入油，投入猪肉片 [2] 和葱、姜末，翻炒后倒入酱油和少许水，放入炸过的萝卜块，稍煨后淋入水淀粉勾芡，汁浓时出锅装盘。

---

[1] 日文版原文如此。从文中叙述可知此菜似应称为"肉片烧萝卜"。

[2] 日文版此处未有将猪肉切成片的文字。

栗子白菜 [1]

白菜 400 克，栗子 10 个，鲜香菇 5 朵，猪油 80 克，鲜姜 15 克，酱油 25 克，好汤 600 克，白糖 15 克，海米 5 克。

锅内倒入猪油，烧热后放入切成四份的白菜（每次放一份，共分四次煎完），用油煎，煎至白菜松软时出锅。

净锅内放入猪油，放入栗子（大个的切成四块，小个的直接用）、海米和鲜姜，炒约 3 分钟后加入酱油、好汤和白糖，汤开时放入鲜香菇和白菜，用小火煨至汁将尽时出锅装盘。

---

[1] 日文版原书将此菜放在"肉类菜"内，现据其主配料调到这里。

冬瓜盅

冬瓜 1 个,葱少许,竹笋(小个的)3 根,香油少许,香菇 5 朵,盐少许,料酒 15 克,鲜姜少许。

将冬瓜洗净,用小刀在瓜皮上雕出"四海一家"四个字(所雕文字可随意变化)。

从冬瓜上部四分之一处下刀,切下做盅盖,掏出盅身内的种、瓤,洗净后用开水烫一下。

将竹笋、香菇(水发)切成丁,葱、姜切成末,放入盅身内,倒入鸡汤、香油、料酒和盐,搅匀后盖上盖儿,上笼蒸 1 小时即成。

注意不要蒸过了火,以防冬瓜盅走形。出笼后拣去葱、姜。

糖醋黄瓜

黄瓜 5 根,酱油 15 克,白糖 35 克,花椒 10 粒,香油 25 克,葱 1 棵,醋 25 克[1]。

将香油烧热,放入花椒,稍炸后加入酱油、白糖和醋,再放入葱丝、黄瓜(带皮切蓑衣花刀),搅匀即成。

趁黄瓜翠绿、入口脆嫩甜酸而盘内无汁的时候食用。

炒胡萝卜酱

胡萝卜(长 20 厘米、直径 5 厘米)2 根,黄豆 50 克,猪肉 80 克,

---

[1] 日文版原文此料缺,现据菜名及烹调常规补。

酱油 50 克，鲜姜 20 克，葱 1 棵，豆腐 1 块，香油 50 克^[1]。

将胡萝卜去皮，切成 1 厘米见方的丁。黄豆用水泡 1 小时，剥去膜，把豆掰成两半，用开水焯一下。猪肉切成 1 厘米见方的丁。

鲜姜和葱各切成末。豆腐切成 1.5 厘米见方的小丁。

锅内倒入香油，烧热后放入豆腐丁，炸成金黄色捞出。

将另一锅上火，烧热后放入香油（25 克），投入猪肉丁、姜末和葱花，煸炒 5 分钟左右，然后倒入酱油、鲜汤和胡萝卜丁，烧开时下入焯过的黄豆和炸好的豆腐丁，煨至汁尽时即可装盘。

烧茄子

这是个在北京颇为流行的家常菜。在满族家庭，提起烧茄子也老幼皆知。

茄子 5 个，口蘑 50 克，海米 30 克，猪肉 50 克，油 225 克，酱油 35 克，葱、鲜姜、大蒜各少许，淀粉 35 克，水 40 克。

（1）茄子去皮，切成厚 6 毫米的薄片，每片再划深 3 毫米的花刀。

（2）口蘑用开水泡 20 分钟，洗净后切成宽 1.2 厘米、长 3 厘米的薄片。

（3）海米用开水泡 20 分钟后控去水。

（4）将猪肉切成宽 1 厘米、厚 1.5 毫米^[2]、长 3 厘米的薄片。

（5）葱、鲜姜、大蒜分别切成末。

大锅内倒入油（225 克），烧热后放入茄子块，将茄子块炸软后捞出，控净油。

---

［1］日文版原文此料缺，现据正文补。

［2］日文版原文作厘米，现据下文改。

在另一锅内倒入油（25 克），烧热时放入猪肉片和葱、姜末，将猪肉片炒散后倒入酱油和海米，稍炒后放入茄子、竹笋[1]和口蘑，翻炒约 1 分钟，投入蒜末和少许水，再炒约 3 分钟，淋入水淀粉，汁浓时即可出锅供膳。

此菜虽很普通，味道却相当好。制作时要注意：一定要把茄子炸透。如果茄子没炸透，味道就差远了。此菜必须趁热食用。

冷拌茄子

此菜虽是北京的夏令家常菜，但在宫廷中也经常制作。在民间的做法中，原料可以随意变动，而宫廷的却有固定的规格。此菜又名"拌茄泥"。

茄子 5 个 400 克，海米 100 克，葱、鲜姜、大蒜各少许，芝麻酱 25 克，花椒油 25 克，醋 15 克，酱油 50 克，白糖 15 克。

（1）将茄子带皮洗净，用小火反复烘烤。烤透晾凉，用手揭去茄子皮（不许用刀削），将茄子肉放入大碗内，用筷子搅成泥，倒入盘内一侧。

（2）海米用开水泡 20 分钟，胀开后控去水。锅内倒入油（25 克），烧热时放入海米，炸透出锅，用刀剁碎，倒在茄泥旁边。

（3）将芝麻酱倒在海米旁边。

（4）将葱、鲜姜和大蒜切成细末，放入小碗内，加入酱油、醋、白糖和花椒油，调匀。

将盛着茄泥、海米、芝麻酱的大盘和装着调味汁的小碗一同上桌。

---

[1] 日文版原文用料栏中未列。

吃的时候，将调味汁浇在茄泥上，拌匀后即可食用。

此菜最宜凉吃。需要注意的地方是，一定要把茄子烤透。

火腿蒸白菜

这个菜本来是山东菜。在中国大白菜中，以产于山东的为最好，因此用大白菜做菜也以山东的花样为多。而火腿产于江南的金华，因此把白菜和火腿放在一起来做菜，在北方人看来是很新奇的事，但在宫廷中却经常制作此菜。

大白菜 1 棵，火腿 200 克，海米 50 克，好汤 200 克，猪油 50 克，葱、鲜姜各少许，盐适量。

（1）剥去大白菜外帮，只用菜心。将菜心切成宽 3 厘米、长 4.5 厘米的块，备约 400 克。

（2）将火腿切成宽 1.2 厘米、厚 3 毫米、长 3 厘米的薄片。将海米泡好洗净。

（3）大锅内放入猪油，烧热后放入白菜，将白菜煎透。

（4）大碗内放入葱、姜末、海米，码上一半火腿片，上面再码上煎过的白菜，再把另一半火腿码在白菜上，倒入好汤，加入适量盐，将大碗放进蒸笼，用大火蒸 40 分钟 [1] 后即可供膳。

此菜制法虽然比较复杂，但如果按照以上方法精心制作，相信一定会成功的。

---

[1] 日文版原文如此。蒸的时间可能长了点。

清宫黄缎绣暗八仙祝寿怀挡

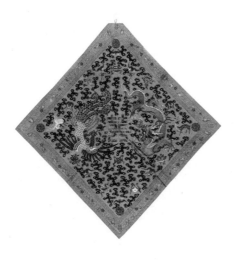

清宫黄缎绣龙凤纹喜字怀挡

焖扁豆

此菜是北京的平民菜，虽然做法简单味道清淡，却别有风味，因此在宫廷中也曾做过此菜。

扁豆 400 克，猪肉（五花肉）200 克，葱、鲜姜各少许，酱油 40 克，油 35 克。

（1）将扁豆洗净，掐去头、尾，撕去筋，切成长 3 厘米的段。

（2）将猪肉切成长 3 厘米、厚 3 毫米、宽 1 厘米的片。

（3）把葱切成斜葱，鲜姜切成薄片。

锅内倒入油，烧热后投入葱、姜和肉片，把肉片炒散后加入酱油，翻炒数下，倒入水（500 克），汤开时放入扁豆，盖上锅盖，用小火焖 30 分钟，见汤都吃到扁豆中时即可出锅供膳。

此菜做法虽然很简单，味道却非常好。应该注意的地方是：用小火焖的过程中不要揭锅盖，一打开锅盖香味一跑，吃起来就没滋味了。

红烧玉兰片

此菜是江南菜，又名"虾子玉兰片"，乾隆年间从江南传入宫廷。在民间，此菜也很常见。从清末至民国初年，北京的著名饭庄东兴楼做的红烧玉兰片最为有名。

玉兰片 200 克[1]，海米（色红而个小的）30 克，葱、鲜姜各少许，酱油 25 克，料酒 15 克，白糖 10 克，猪油 50 克，油 150 克。

---

[1] 日文版原文如此。据本菜制作过程可知，为干玉兰片 200 克。

（1）将干玉兰片用开水泡 40 分钟，泡软后用刀片成宽 2.4 厘米、长 3 厘米、厚 3 毫米的薄片。

大锅内倒入油（150 克），油热后放入玉兰片，约 3 秒钟后取出。

（2）海米用开水泡 20 分钟，洗净后控去水。

（3）葱、鲜姜分别切成末。

锅内倒入化开的猪油，烧热时投入葱、姜末，煸出香味时放入酱油、料酒、白糖和水 150 克，汤开后放入玉兰片，撒入海米，用小火煨约 20 分钟，待汁将尽时即可出锅供膳。

斋菜

豆豉炒豆腐

此菜是从佛教的斋菜中演变而来的，虽然其传入宫廷的时间现在还不太清楚，但每逢新年宫廷就做此菜却是肯定的。届时，皇帝也把此菜作为赏品赐给大臣。例如清朝最后的内务府大臣耆龄所著的《赐砚斋日记》中，就有这样的记载：1920年2月10日，"中午，皇帝赏豆豉炒豆腐一品、素烧萝卜一品"。这也许是因为耆龄笃信佛教的缘故吧。

豆腐4块，豆豉25克，白糖10克，鲜姜少许，香油325克，酱油25克，盐适量[1]。

将豆腐切成长3厘米、宽1厘米、厚6毫米的块。

将香油（300克）倒入锅中，用大火烧热后改用中火，逐块放入

[1] 日文版原书此栏内无香油、酱油和盐的介绍，现据正文补。

斋菜

郎世宁等绘《岁朝图》，表现乾隆帝在宫中过年时的情形

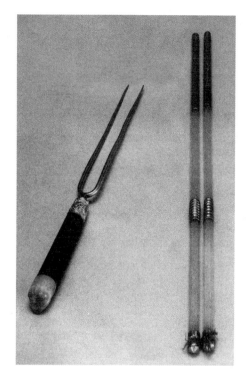

清宫金镶木把叉与青玉镶金筷子

紫檀镶金嵌玉筷子

豆腐块，炸至金黄色时捞出。鲜姜切成小丁（4 或 5 块）。

炒锅内倒入香油（25 克），烧热后放入豆豉，稍煸后投入鲜姜丁，放入酱油，接着加入水（200 克）和白糖。如果不够咸，可加适量盐调好口味，然后放入炸好的豆腐块，煨约 10 分钟即可供膳。

此菜冷热食之均可。在中国的家庭中，斋戒吃素时一般是做这个菜。

糖醋面筋

这个菜也是寺院菜。在宫廷中，皇太后、皇后斋戒时多命御厨做这个菜。

面筋 200 克，竹笋 100 克，油 450 克，酱油 35 克，鲜姜 10 克，醋 15 克，淀粉 15 克，白糖 25 克。

（1）将面筋折叠成长 6 厘米、宽 1 厘米的块，上笼蒸 30 分钟。

（2）将蒸过的面筋用刀切成长 3 厘米、宽 1 厘米、厚 1 厘米的滚刀块。

（3）竹笋片成长 3 厘米、厚 3 毫米、宽 1 厘米的薄片。

（4）将鲜姜切成末。

（5）小碗内放入酱油、醋、白糖、淀粉和水（35 克），用筷子搅匀，即成碗芡。

大锅内倒入油（450 克），烧热后放入面筋块,炸至金黄色时捞出。

在另一锅内放入油（20 克），烧热后投入姜末，放入竹笋片，翻炒两三秒钟。接着放入面筋块，炒约两秒钟，倒入碗芡，颠炒约三秒钟，待汁浓时即可出锅。

此菜趁热吃最好。制作时需要注意的地方是：一定要把面筋炸透，才能使此菜具有独特的风味。

罗汉斋

　　此菜是在寺院兴起来的，本来中国的僧人是吃素的，但是由于中国的大寺院庙产丰厚，因而僧人的日常饮食生活也逐渐考究起来。例如北京的广济寺就是如此，该寺的斋食闻名全国。

　　在满族的习俗中，从新年的第一天至第五天都要吃素。这些素食大多是模仿寺院的斋食精制而成，这里介绍的罗汉斋即其一例。

　　白菜800克，胡萝卜约40克，山药40克，豆腐40克，口蘑40克，木耳20克，腐皮10克，鲜姜10克，香油450克，干黄花20克，盐适量，酱油25克。

　　（1）将白菜切成3厘米见方的块。

　　（2）将胡萝卜和山药削去皮，分别切成长3厘米、宽1.2厘米的滚刀块。

　　（3）将豆腐切成长3厘米、宽1.5厘米、厚6毫米的薄片。

　　（4）用开水将口蘑浸泡20分钟[1]，然后片成长3厘米、宽1.2厘米、厚6毫米的薄片。

　　（5）用开水把腐皮浸泡20分钟，然后划成长3厘米、宽1.2厘米的薄片。

　　（6）木耳用开水浸泡10分钟后，择洗干净。

　　（7）将鲜姜切成末。

　　（8）干黄花用温水浸泡30分钟后，每根切成两段。

---

[1]　口蘑泡后的汤一般澄清留用，然后还要反复冲洗多次才能切配。

（9）锅内倒入香油，烧热后将山药、胡萝卜和豆腐分别炸约 3 分钟捞出。

在另一锅内放入酱油[1]，烧热时投入姜末和白菜，稍炒后加入水（250 克），烧开后放入全部原料，加入适量盐，改用小火，煨 40 分钟左右[2]。待白菜软烂而不碎时即可出锅供膳。

此菜最好趁热吃，凉后加热再吃也可以。

红烧面筋

此菜也是由寺院的僧人发明的。在满族家庭，每年春节必做此菜。就是在宫廷，也是多于正月食用。

棒状的面筋 300 克或面粉 200 克，竹笋 100 克，酱油 25 克，鲜姜 10 克，白糖 10 克，香油 35 克。

（1）面筋是用面粉做成的，其做法是：把筋性大的面粉加水和成面包那样的面团，饧 10 分钟，然后往面团里揣水，直到揣出面筋为止。将揣出的面筋用手捋成长棒状，入笼蒸 10 分钟。出笼后切成宽 1 厘米、长 3 厘米的条。

（2）将竹笋片成宽 1 厘米、厚 3 毫米、长 3 厘米的薄片。

（3）把鲜姜切成末。

大锅内倒入香油，烧热后投入姜末，放入面筋，炒 3 秒钟左右，倒入酱油、白糖和水（150 克），稍炒后放入竹笋片，改用小火煨 20 分钟。待汁全渗入面筋和竹笋片中时，即可出锅供膳。

---

[1] 日文版原文如此。按烹调常规，此处为放入"油"。
[2] 日文版原文如此。按烹调常规，一般煨 10 分钟左右。

此菜冷热食之均宜。

山药泥

这是一款苏州风味的甜菜。清乾隆帝巡视江南期间，当地盐商献上此菜，喜好甜食的乾隆帝品尝后颇为赞赏，从此便传入清宫。现在，此菜仍为苏州菜。

山药 400 克，白糖 50 克，猪油 35 克。

（1）将山药削去皮，切成块，放入锅内，加水（500 克）用小火煮 30 分钟，待山药煮烂后[1]，取出盛入碗内，晾凉后用手抓成泥。

（2）将山药泥加入白糖，用筷子搅匀。将锅擦净，放入猪油，化开后将锅端离火口，待油微热时下入山药泥，将锅上火，用小火边搅边炒，炒透出锅装盘。

山药泥装盘后色白如雪，非常美观。食用时不要着急，要慢慢品味，以免将嘴烫伤。

烧二冬

此菜也是寺院菜，在清朝宫廷中，每逢有佛事的时候就做此菜。在满族家庭，提起烧二冬，一般没有不知道的。

冬笋 200 克，口蘑 100 克，酱油 35 克，精制菜油 50 克，白糖 10 克，大蒜 10 克，鲜姜 10 克。

（1）将冬笋片成厚 3 毫米、宽 1.2 厘米、长 3 厘米的薄片。

---

[1] 日文版原文如此。山药性黏容易沾手，加热过程中遇铁器又容易变灰色，因此一般是将山药带皮洗净后带皮蒸熟，晾凉后去皮再弄成泥，这样山药泥色白如雪。

（2）用开水将口蘑浸泡 10 分钟，洗净后切成长 3 厘米、宽 1.2 厘米的薄片。

（3）锅内倒入油（25 克），烧热后放入冬笋片，翻炒 3 秒钟左右取出。

（4）鲜姜切成细末，大蒜切成末。

炒锅内倒入油（25 克），烧热后投入姜末和蒜末，然后放入冬笋片，翻炒约 1 分钟后倒入酱油、白糖和少许水，烧开时加入口蘑，用小火煨 30 分钟。待汁完全渗入冬笋片和口蘑片中即可出锅供膳。

此菜冷热食之均宜。做成后一次吃不完，可每次吃一点，慢慢品味。

炒三鲜

这是一款北京的夏令菜，因为做法简单，所以不论宫廷还是民间都能做。

竹笋 150 克，口蘑 50 克，黄瓜 40 克，香油 25 克，白糖 10 克，鲜姜 10 克，酱油少量。

（1）将竹笋片成厚 3 毫米、宽 1.2 厘米、长 3 厘米的薄片。

（2）用开水将口蘑泡 10 分钟[1]，洗净后片成宽 1.2 厘米、长 3 厘米的薄片。

（3）把黄瓜切成长 3 厘米、宽 1.2 厘米、厚 3 毫米[2] 的薄片。

（4）将鲜姜切成细末。

---

［1］ 日文版原文如此。本书罗汉斋等菜所用口蘑用开水泡 20 分钟，而烧二冬、炒三鲜等菜中的口蘑则用开水泡 10 分钟。

［2］ 日文版此处原作厘米。

大锅内倒入香油，上火烧热后投入姜末，煸出香味时放入竹笋片，翻炒约 1 分钟后放入口蘑片炒匀，加入酱油和白糖，炒匀后放入黄瓜片，颠炒约 5 秒钟后出锅装盘，即可供膳。

此菜制作宜旺火速成，特别需要注意的是：既不要将黄瓜炒过火，又要将黄瓜炒透。出锅后的黄瓜，以质地脆嫩为佳。

拌菠菜

此菜本是民间菜，在北方多于夏季食用。[1] 荣寿亲王的儿媳曾若夫人时常将此菜献给宣统帝，后来此菜制法还传入"满洲宫廷"御膳房。我介绍的这种制法，就是我直接从曾若夫人那里学来的。

菠菜 450 克，葱、鲜姜各 10 克，芝麻酱 25 克，花椒 1 个 [2]，香油 6 克，海米 100 克，醋 15 克，白糖 10 克。

（1）将菠菜洗净，切去根。

（2）大锅内倒入水（半锅），上火烧开后放入菠菜。注意不要盖锅盖，一放锅盖，焯过的菠菜就会变黄，那就不美观了，要保持菠菜的绿色。

（3）把海米用开水泡 10 分钟，然后控去水。炒锅内倒入香油，放入海米，煸香后出锅，用刀把海米剁成末，盛在大盘里。

（4）将辣椒、葱和鲜姜分别切成细末。

将焯过的菠菜用刀剁成泥，放在净布上包起来，用手拧净水，然后放在盛海米的大盘里（盘内一边是菠菜，一边是海米末）。

---

[1] 传统上拌菠菜一般为春季时令菜。

[2] 日文版原文如此。据本菜制作过程应为辣椒。

小碗内放入酱油、醋、芝麻酱、辣椒末、白糖、香油、葱花和姜末，用筷子调匀，随菠菜海米盘一同上桌，即可供膳。吃的时候，将小碗内的调味汁倒在菠菜上拌匀。

此菜虽然没有什么特殊的原料，味道却非常好。制作时要注意，一定要将菠菜焯透，并保持菠菜碧绿的颜色，以使装盘后的菜泥美观悦目。此菜宜凉吃。

清蒸什锦豆腐

此菜是寺院菜，在清朝宫廷，据说皇太后都喜欢寺院素食。老年人牙口不好，饮食以细软为佳，此菜恰好满足了老年人的这一愿望。

豆腐400克，口蘑20克，竹笋3个，木耳10克，菊花10克，莲子20粒，银杏20粒，藕50克，冬菜30克，黄瓜1根，黄豆芽450克，鲜姜10克，油35克，盐适量。

（1）将豆腐切成厚6毫米、宽1.5厘米、长3厘米的片。

（2）大锅内倒入半锅水，放入黄豆芽，煮30分钟。然后去掉豆芽，留汤备用。在宫廷烹调中，炖鸡、鱼和肉等荤料时，经常使用素汤。在寺院烹调中，用黄豆芽吊的汤与鸡汤的用法非常相似。这是宫廷烹调的秘诀。

（3）用开水将木耳泡10分钟后洗净备用。

（4）将菊花用开水泡10分钟，然后用刀切成3厘米长。

（5）将莲子和银杏分别用开水泡30分钟。

（6）用开水将口蘑泡20分钟，洗净后片成长3厘米、宽1.2厘米的片。

（同治）金錾双喜团寿字碗

（7）将竹笋用开水泡 20 分钟，冲净后用刀切成长 3 厘米的块。

（8）将藕洗净后切成厚 6 毫米的薄片。

（9）冬菜用开水泡 20 分钟，冲净后用刀切成 1.5 厘米长。

（10）黄瓜洗净后切成厚 1.5 毫米的薄片，鲜姜切成末。

大碗内依次放入口蘑、竹笋、木耳、菊花、莲子、银杏、藕、冬菜和鲜姜，最后码入豆腐，倒入吊好的豆芽汤（约半碗），加入油和盐，上笼用大火蒸 30 分钟，再用小火蒸约 30 分钟。然后趁热将黄瓜片码在豆腐上，即可供膳。

此菜最好趁热食用，凉后加热再吃也可以。

熘腐皮

此菜系寺院菜，因其形酷似鱼肚，故又名"素鱼肚"。此菜是在宫中斋戒时食用，其做法来自江南寺院。

干腐皮 100 克，口蘑 100 克，竹笋 50 克，鲜姜 10 克，黄豆芽汤 85 克，淀粉 30 克，酱油 20 克，料酒 10 克，白糖 5 克，油 230 克。

（1）将干腐皮用开水泡 20 分钟，然后切成宽 1.2 厘米、长 3 厘米的薄片。

（2）大锅内倒入油（230 克），烧热后放入泡软的腐皮片，炸约 10 秒钟捞出。注意不要炸得太焦。

（3）将竹笋片成厚 3 毫米、宽 1.2 厘米、长 3 厘米的薄片。

（4）口蘑用开水泡 20 分钟，洗净后用刀片成宽 1.2 厘米、长 3 厘米的薄片。

（5）鲜姜洗净后切成末。

炒锅内倒入油（20 克），烧热后投入鲜姜末，煸出香味时放入酱油、白糖、料酒和黄豆芽汤，汤开后加入腐皮片、竹笋片和口蘑片，稍煨后淋入水淀粉，待汁浓时即可出锅装盘。

此菜最宜趁热食用。民间做此菜时大多添加许多材料，而宫廷的熘腐皮却必须按照这里介绍的进行配料和制作。

冷菜

清拌赤贝

赤贝 20 个，芹菜 3 棵，盐适量，酱油 35 克，醋 15 克，料酒 15 克，白糖 10 克，香油 6 克。

将赤贝肉从壳中揭出，除去内脏，一撕两半，用盐水洗净后，放入开水中焯成半熟捞出，放在大盘的一侧。

芹菜去叶，撕去筋，洗净后切成长 3 厘米的段，用开水焯一下，放在盛赤贝的大盘内（一边是赤贝，一边是芹菜）。

小碗内放入酱油、醋、料酒、白糖、盐和香油，搅匀后浇在赤贝和芹菜上即可上桌食用。

鸡　冻

这是一款山东菜，最宜做夏令酒肴。在明清两代的宫廷中，

清宫廷画家绘《万树园赐宴图》

均有这个菜。

鸡1只，猪皮200克，葱1棵，鲜姜30克，盐7克，甘草2片，淀粉25克。

（1）将鸡宰杀煺毛、掏去内脏，洗净后剁去头、爪，剁成3厘米见方的块，放入大锅中，加入葱（4段）、鲜姜（1块，拍碎）、甘草（1片）和水（多半锅），用小火炖1小时左右，待汤浓时即可。

（2）将猪皮洗净除尽毛，放入锅内，加鲜姜（1块，拍碎）、甘草（1片）和水（半锅），用大火煮约2小时（放入甘草是为了除去猪皮的异味）。去掉猪皮、甘草和鲜姜，取汤备用。

小碗内放入淀粉，加水搅匀，待用。

将猪皮汤倒入鸡肉锅内，加入盐，煮约 10 分钟，淋入水淀粉 [1]，搅匀，待汁浓时倒入碗中，放入冰箱冰镇 1 小时左右。把鸡汤也冰镇起来。

食用时，用筷子将鸡冻拨入盘内。用上述原料和方法做成的鸡冻，可供二十人食用。此菜多做才能成功，原料量小不容易做成。

鱼 冻

此菜和鸡冻是一类菜。在中国菜中，有许多所谓"冻子菜"，其做法大同小异。

鲤鱼 2 尾，猪皮 200 克，葱、鲜姜各少许，酱油 35 克，料酒 20 克，甘草 2 片，盐适量，淀粉 25 克。

（1）将鱼去鳞，剁去头、尾，掏去内脏，剁成 3 厘米大的块，放入锅内，加入葱（4 段）、料酒（10 克）、鲜姜（半块，拍碎）、甘草（1片）和水（半锅），用大火煮 20 分钟左右。

（2）猪皮的煮法同鸡冻的一样。

（3）鱼煮好后，倒入猪皮汤，煮约 10 分钟，加入酱油、盐、料酒，淋入水淀粉 [2]，汁浓时盛入碗内，放入冰箱冰镇起来。食用时将鱼冻扣在盘内。

此菜与鸡冻一样，必须有一定数量的原料才能做成。这里介绍的，是够二十人食用的鱼冻。

---

[1] 一般做鸡冻不必用淀粉勾芡，浓鸡汤加上浓猪皮汤冷却后完全可以结成冻。

[2] 一般做鱼冻不必用淀粉勾芡，浓鱼汤加上浓猪皮汤冷却后完全可以结成冻。

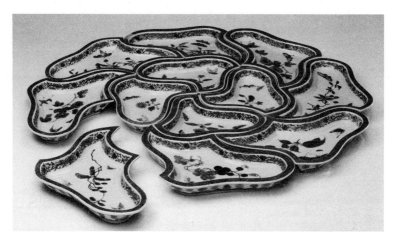

（康熙）五彩描金花蝶纹攒盘

清酱肉

这是一款宫廷特有的冷菜，后来流传民间，现在是北京名菜。本来中国浙江金华的火腿最有名，清乾隆帝就非常喜欢金华火腿，但乾隆帝又嫌其味过咸，因此江南名厨张东官便根据金华火腿的特点和乾隆皇帝的饮食习惯，创出了清宫独有的清酱肉。

猪五花肉选一面带皮、厚 4.5 厘米、长宽各 30 厘米的四方块2000 克，酱油 1000 克，白糖少许，茴香少许，甘草少许，五香粉少量，硝石适量。

（1）将坛子洗净，放入酱油（1000 克）、白糖、茴香、五香粉、甘草和硝石（一种有毒但如果按照规定的比例放可使肉更有滋味）。

（2）用水将肉洗净，放在净布上包起来，挤尽肉的水分，放入盛有调料的坛子内，将坛口封严，移到阴暗处密渍 4 天。

笼屉内放入一大盘，把坛内的肉放在大盘里，用大火蒸 1 小时，注意不要蒸过了火。

将肉出笼，晾凉后用刀切成厚 3 毫米、长 6 厘米、宽 3 厘米的薄片，码在盘内即可供膳。

此菜数量少了不能做，这里介绍的是可供四十人食用的量。需要提醒的是：一定要用料汤将肉渍透。

五香猪肝

此菜是满族菜，满族人每年春、秋祭祀时，各杀一头猪以为供品。在产猪的地方，是用极简单的方法制作的。最初所谓的猪肝烹调，只不过是将猪肝过沸水焯过，用盐拌食而已，这叫"盐法猪肝"。其后满族人进入关内，就改用下面介绍的方法来制作了。在中国各地，也有与此相同的做法。

猪肝 400 克，酱油 50 克，白糖 15 克，料酒 15 克，水 1200 克。

（1）将猪肝洗净，剔去膜、结等。

（2）将猪肝放入大锅内，加水（半锅）煮约 20 分钟。然后去掉汤，加酱油（50 克）、料酒（15 克）、白糖（15 克）和水（少半锅），用小火炖约 1 小时。

将猪肝出锅晾凉后，用净布擦去猪肝表面水分，切成厚 3 毫米、长 6 厘米、宽 2.4 厘米的薄片即可供膳。

此菜宜晾凉后食用。制作时需要注意的地方是：一定要将猪肝炖透。如果火候不到家，猪肝内就会夹生而有余血。

糖醋辣白菜

满族人又把此菜称作"年菜"，每逢新年满族人要做许多冷菜，此菜便是其中之一。在宫廷中，一次要做好多年菜，样样都非常可口。按下列原料做出的糖醋辣白菜，可供五人食用。

白菜 400 克，红辣椒 2 个，酱油 35 克，醋 25 克，油[1] 25 克，白糖 40 克。

（1）去掉白菜的外帮和枯叶，洗净后劈成两半，再片成长 3 厘米、宽 2.5 厘米的菱形片，控净水。

（2）将红辣椒洗净，切成宽 0.5 厘米、长 6.5 厘米的丝。

（3）将锅用大火烧热，倒入香油，烧热后放入白菜，炒约 1 分钟。然后加入酱油、醋、白糖，炒约 2 分钟，投入红辣椒丝，再翻炒 1 分钟左右，即可出锅盛入深盘中，待凉后方可食用。

此菜因为是用时蔬做的冷菜，因此必须将白菜清洗干净。上锅炒时，还要将水控净，以免白菜出汤过多影响味道，并注意不要炒过火，以保持白菜清脆的质地。

鸡丝拌黄瓜

此菜是流行各地的山东菜，无论在哪个地方的菜单上，都可以见到这个菜的菜名。宫廷做此菜时，用料及做法都有一定的规矩。民间的则可以随意添加原料，做法也各有千秋。

鸡 1 只，黄瓜 3 根，芝麻酱 50 克，花椒油 35 克，酱油 35 克，

---

[1] 日文版原文如此。据正文应为香油。

葱、鲜姜各少许，辣椒1个。

（1）鸡1只，重约900克的最好，别用太大的。将鸡宰杀后煺去毛，掏净内脏洗净，放入锅内，加水（多半锅）、葱（2段）、鲜姜（1块），上火煮约30分钟，捞出后撕下鸡肉厚的部分，用刀将鸡肉切成3毫米见方、长3厘米的细丝。

（2）将黄瓜洗净，切成1.5毫米见方、3厘米长的细丝。

（3）将葱和鲜姜分别切成细末。

（4）小碗内放入酱油、芝麻酱、花椒油和辣椒末，用筷子搅匀。

将切好的鸡丝和黄瓜丝分别盛在盘内（一边是鸡丝、一边是黄瓜丝），然后同调味汁碗一起上桌。食用时，将小碗内的调味汁浇在鸡丝和黄瓜丝上，拌匀即可。

此菜宜冰镇后食用。

拌三丝

此菜也是山东菜，后来传入宫廷。民间的拌三丝可以随意添加原料，宫廷的则只许用鸡丝、猪肚丝和黄瓜丝。

鸡1只[1]，猪肚1个，黄瓜6根，葱、鲜姜各少许，酱油35克，芝麻酱25克，花椒油25克。

（1）将鸡肉切为细丝。

（2）用盐将猪肚洗净，用水冲净，放入锅内，加多半锅水和葱（2段）、鲜姜（1块），上火煮2小时，然后切成3毫米见方、3厘米长的细丝。

---

[1] 日文版原文如此。但从下面的做法来看，这里的"鸡1只"应为白煮过的熟鸡1只。

尚未开封的清宫黄酒

（乾隆）淡黄地轧道粉彩花卉纹攒盘

（3）将葱和鲜姜分别切成细末。

（4）小碗内放入酱油、芝麻酱和花椒油，用筷子搅匀。

（5）将黄瓜洗净，也切成细丝。

把鸡丝、猪肚丝和黄瓜丝分三堆盛在大盘内，然后随调味汁碗一起上桌，即可供膳。吃的时候，浇上调味汁，拌匀后即可举箸。

制作此菜时必须注意两点：一是洗猪肚时必须将其洗净，否则会留有异味；二是煮猪肚时一定要将肚煮透，这样吃起来才好。

拌腰片

此菜也是山东菜，其做法与江南的不一样。宫廷的做法是从山东传来的，其做法虽然简单，却独具风味。

猪腰子4个，酱油25克，料酒5克，花椒油6克，葱、鲜姜各少许，醋7克。

（1）将每个猪腰子一切两半，剔去白筋，切成厚1.5毫米、宽1.5厘米的薄片。

（2）将葱和鲜姜分别切成末，放入小碗内，加入酱油、料酒、花椒油和醋，调匀。

锅内倒入水，烧开后将腰片放在漏勺里，用开汤浇透，至腰片色变灰白时盛入盘内，将腰片盘与调料碗一起上桌，即可供膳。

食用时，浇上调味汁，拌匀后即可举箸。

民间的拌腰片吃时还拌入黄瓜丝，宫廷的则只用腰片。

此菜做法虽然简单，但用开汤浇腰片时要注意：一定要将腰片浇透，以免腰片中留有血丝。其次是把浇透的腰片盛入盘内时，一定要把腰片的水控净，否则将影响味道。

蟹粉蛋卷

蟹粉 6 克，胡萝卜 40 克，鸡蛋 4 个，盐适量，白糖 10 克，
淀粉 75 克。

将鸡蛋 3 个半磕入碗内，加入少许精盐，打匀。然后在炒锅内吊
出直径 30 厘米的蛋皮三张，再用刀将每张蛋皮修成四方形。

蟹粉放入碗内，加入淀粉（25 克）、精盐、白糖和蛋清（1 个鸡
蛋的），用筷子搅匀，再分成两份，一份掺入胡萝卜泥（胡萝卜煮熟
后剁碎），搅拌均匀。

把净布放在小竹帘上，摊开蛋皮，抹上淀粉浆，把蟹粉蛋清馅抹
在蛋皮的两边，中间抹上蟹粉胡萝卜馅，然后从两头向中间卷，中缝
抹上蛋清淀粉浆，即成蛋卷。将蛋卷上笼蒸约 15 分钟。出笼后晾凉，
切成宽 1 厘米的片即成。

不食用时不要将蛋卷放在餐桌上，以免风干。

清汤茉莉

此菜虽是宫廷菜，但在江南也很有名。最近在中国各省的餐馆菜单上，大多添上了这个菜。

茉莉花 50 克，鸡 1 只，葱、鲜姜各少许，盐 5 克，竹笋 50 克，口蘑 50 克。

（1）将茉莉花洗净，抽去萼。

（2）将鸡宰杀后煺毛，掏尽内脏洗净，然后放入锅内，加水（以没过鸡为度），用小火炖至汤剩一半时将鸡捞出，放入一个鸡蛋的蛋清，搅匀，至汤清澈如水即成清鸡汤。

（3）剔出煮过的鸡的脯肉，用刀切成粗 3 毫米、长 3 厘米的丝，约备 100 克。

（4）将竹笋切成粗 3 毫米、长 3 厘米的细丝。

（5）用开水将口蘑泡 20 分钟，洗净后片成粗 3 毫米、长 3 厘米

《太和殿筵宴图》局部

的细丝。

（6）将葱和鲜姜分别切成细丝。

将锅刷净，倒入鸡汤，上火烧开后放入盐，再依次放入鸡脯丝、竹笋丝、口蘑丝、葱丝和姜丝，煮约10分钟[1]。然后将汤倒入大碗内，带着茉莉花一同上桌，即可食用。

此菜的制法除了加热前的准备工作比较麻烦以外，其他的没什么难的地方。只是有一点需要注意：茉莉花应在汤上桌后当着客人的面撒入汤中，否则香气会大减。

---

[1]　日文版原文如此。从烹调实际看，煮的时间可能过长。

菊花烩鸡丝

此菜是宫廷中的时令菜，当菊花盛开的九月来临时，如果食用此菜，真是一种应时当令的美食享受。此菜与"黄花烧肉丝"不同，这里的菊花烩鸡丝是将各种原料放在一起烩制而成的时令菜，这种做法在民间是很少见的。

菊花100克，鸡肉400克，淀粉75克，葱、鲜姜各少许，白糖10克，油35克，精盐适量。

（1）将鸡肉去皮，切成粗3毫米、长3厘米的细丝，放入碗里，加淀粉（30克）和精盐，用手抓匀。

（2）将菊花去萼，冲洗干净。

（3）在小碗内放入淀粉（45克）、白糖（10克）和水（35克），用筷子搅匀，即成碗芡。

（4）将葱和鲜姜分别切成细末。

炒锅内放入油（35克），烧热后将炒锅从火上撤下来，放入备好的鸡丝，拨散后投入葱、姜末，上火翻炒约20秒钟。然后倒入碗芡，推炒、颠炒约2秒钟，见芡汁色白如雪时撒入菊花，稍炒后立即装盘上桌。

此菜最好趁热吃，一凉风味全无。制作时要注意：撒入菊花后稍炒片刻立即装盘，否则菊香顿失，异味遂出。

晚香玉羹

此菜也是宫廷特有的花卉菜，虽然其做法复杂，原料中不常用的也多，但民国以后先后传入上海等地。

晚香玉 100 克，鸡 450 克，藕粉 50 克，干嫩笋 100 克，黑慈菇 100 克，葱、鲜姜各少许，鸡蛋 4 个，猪油 25 克，盐 6 克，白糖 10 克，好汤 450 克。

（1）用清水将晚香玉冲洗干净。

（2）将鸡宰杀后燖净毛，掏去内脏，用刀剔下鸡脯肉（约 200 克）待制。

（3）将剩下的鸡肉和鸡骨放入锅中，加水（半锅）、鲜姜（1 片）、葱（2 片），用小火炖。待汤剩一饭碗时取出鸡肉和鸡骨，把汤倒在碗内，放入鸡蛋清（2 个），用筷子搅匀，见汤清澈如水时即成清鸡汤。

（4）剔去鸡脯肉的皮、膜，将净肉切成粗 1.5 毫米、长 3 厘米的细丝，放入碗内，加入藕粉（25 克），用手抓匀。

（5）将干嫩笋用开水泡 20 分钟，洗净后切成粗 1.5 毫米、长 3 厘米的细丝。

（6）把鲜姜切成细末。

（7）将黑慈菇的皮去掉，洗净后切成细末。

（8）将鸡蛋黄磕入碗内，加入藕粉（25 克）、白糖和水（35 克），用筷子搅匀。

（9）将猪油放入锅中，烧热化开后取出。

将锅擦净，倒入化开的猪油，烧热后把锅从火上撤下来，投入鸡丝，拨散后再将锅移到火上，投入鲜姜末，稍炒，放入嫩笋丝，加入黑慈菇，翻炒均匀[1]，撒入晚香玉，浇入鸡汤藕粉[2]，用勺推匀，待汁浓时将羹盛入大碗内即可供膳。

---

[1] 此处似应将清鸡汤放入，否则难以成羹。

[2] 按日文版此菜做法（8）的介绍，这里的"鸡汤藕粉"应为"蛋黄藕粉"。

此菜属名贵羹菜，制作宜迅速麻利，特别是将晚香玉撒入锅中后，要立即放入鸡汤藕粉，否则花香飘散，此菜特色顿失。

炸玉春棒

用鲜花做菜本来是一种游戏，但在宫廷中却有专门制作花卉菜的厨师。这些厨师手艺精妙，据说能做一二百种花卉菜。

玉春棒 20 根，鸡蛋（只用蛋清）3 个，淀粉 70 克，白糖 40 克，油 450 克。

（1）将玉春棒洗净，择去萼与花心，注意保持花形。

（2）将鸡蛋清磕入碗内，加水（25 克）、白糖、淀粉（70 克），用筷子搅匀，即成蛋清糊。

大锅内倒入油，烧热后用筷子夹住玉春棒，裹上蛋清糊，依次下入油锅中，炸至浅黄色时捞出，码入盘内，即可供膳。炸时如果油过热，玉春棒就容易煳，可将油锅从火上撤下来，待油温降下后再上火。

此菜做法虽然简单，但有一点需要注意：玉春棒入油锅炸时，绝不能炸过火，以免出现苦味。

玉春棒：北京特有的花，花色洁白。

菊花炒肉丝

此菜也是宫廷中的特殊风味花卉菜，制作简单，是农历九月初九重阳节的应节名菜。

黄菊花 100 克，猪肉 200 克，葱、鲜姜各少许，酱油 20 克，淀粉 25 克，料酒 15 克，油 35 克，白糖 15 克。

（1）将菊花冲洗干净，只留花瓣。

（2）将猪肉切成粗 1.5 毫米、长 3 厘米的细丝，然后将肉丝放入碗内，加入淀粉，用手抓匀。

（3）将葱和鲜姜分别切成细丝。

炒锅内倒入油，烧热后投入肉丝，拨炒数下，放入葱丝和姜丝，炒约 1 分钟后加入酱油、料酒和白糖，翻炒约 10 秒钟，立即撒入菊花，颠匀后迅速出锅，即可供膳。

制作此菜时操作宜迅速，特别是菊花放入炒锅后，应稍炒后立即出锅，千万别炒过了火。

桃　羹

在宫廷中，鲜果菜多在饭后食用，其花色有数百种之多。因为其制作麻烦，加之有许多原料是必不可少的，因此这里只介绍五种。这五种都是普通菜，原料也比较容易买到。

桃羹是时令鲜果菜，做法非常简单。

大桃 4 个，玫瑰卤 20 克，淀粉 40 克，白糖 35 克，猪油 100 克。

（1）将大桃洗净，去皮、核，放入碗内，用羹匙压成泥。

（2）在小碗内放入淀粉（40 克）、白糖（35 克）和水（50 克），用筷子搅匀。

（3）将猪油（100 克）放入锅内，上火化开后取出。

将锅刷洗干净，至没有异味为止，倒入化开的猪油（25 克），上火烧热后，将锅从火上撤下来，倒入配好的碗芡，再将锅上火，放入桃泥，搅匀，炒至汁浓时立即出锅盛入碗内，浇上玫瑰卤。

此菜冷热食之都可以。制作时要注意：放入桃泥后，待汁浓

清宫翡翠碗

清宫玛瑙碗

时立即出锅。如果出锅迟了，就失去了此菜特有的风味。

炸香蕉

因为这个菜做法简单，所以在民间也很流行。北京不产香蕉，因而此菜新奇而诱人食欲。宫廷与民间的做法相同，并多作为餐后的果品来食用。

香蕉5根，鸡蛋（只用蛋清）3个，白糖40克，淀粉80克，油450克。

（1）香蕉剥皮去筋，每根切成8块。

（2）将鸡蛋清磕入碗内，加入淀粉（80克）、白糖（40克）和水（15克），用筷子搅成糊。

大锅内倒入油（450克），烧热后用筷子夹起香蕉块，挂上淀粉糊，逐块下入油锅中。如果火大油过热，可将锅从火上撤下来，等油温降下后再将锅上火，直到将香蕉糊衣炸至金黄色时捞出装盘，即可供膳。

这个菜冷吃热吃都可以，不过炸时应注意：千万别将香蕉糊衣炸煳了。

清蒸莲子

此菜虽然在民间到处都有，但因为干莲子很难弄到手，所以清蒸莲子便成为高级菜了。莲子富于营养，尤其适合老人食用，因此在宫廷中不仅经常用莲子做菜，而且其花色也特别多。这里只是简单地介绍一下。

干莲子约400克，冰糖25克，白糖约225克，淀粉（75克），玫瑰卤 25 克 [1]。

（1）将干莲子洗净，倒入小锅内，加水（半锅）用小火煮约 2 小时 [2]，待将莲子煮到酥绵时出锅。

（2）将山楂糕用刀切成 3 毫米厚、1.5 厘米见方的薄片。

（3）将冰糖放入锅中，加水（50 克）后将锅上火，把冰糖化开。

（4）将猪油放入锅中，上火化开。

把化开的冰糖倒入大碗内，加入化开的猪油（20 克），放入莲子，将碗上笼，蒸约 20 分钟出锅，立即撒上切好的山楂糕片，即可供膳。

此菜趁热食之最好。制作时要注意：必须将莲子煮透。

江米藕

此菜近似点心，每到夏季，北京到处都卖这种食品。在宫廷中，此菜虽然也在夏季食用，但其做法要比民间的复杂得多。

藕 2 根，江米 200 克，白糖 75 克，玫瑰卤 25 克。

（1）将藕冲洗干净，去掉头、尾 [3]，切成长 12 厘米的块。

（2）把江米（200 克）放入碗内，加入水（300 克），浸泡约 24 小时。然后控净水，放入白糖（50 克），用筷子搅匀。

（3）将搅匀的江米用筷子捅入藕孔中，直到藕孔填满为止。

（4）蒸笼内放一平盘，将江米藕码在平盘上，蒸约 1 小时后出笼。

小碗内放入白糖（25 克）、开水（20 克）和玫瑰卤（25 克），用

---

[1] 在日文版中，这里的淀粉和玫瑰卤在下面的制法中不见了，而此处未有的山楂糕和猪油在制法中出现。

[2] 日文版原文如此。一般是用蒸法将莲子蒸好。

[3] 日文版原文如此。一般制作江米藕不去藕节，否则往藕孔里灌江米时不容易灌满。

筷子搅匀。

将出笼的江米藕晾凉，用刀切成厚6毫米的薄片，逐片码在盘里，浇上小碗内的玫瑰糖汁即可食用，入口清香而甜美。

此菜宜冰镇后食用。制作时一定要将藕孔填满江米，否则蒸后切片时藕片上的江米参差不齐，既不美观又不适口。

杏仁豆腐

杏仁80克，白糖120克，琼脂2条（宽10厘米，长20厘米，厚3毫米）。

用开水将带皮的杏仁浸泡3分钟，然后剥去皮，用水冲洗干净，加水磨成杏仁浆，滤去杏仁渣。

加水将琼脂上火化开，对入白糖（20克），煮约10分钟后倒入杏仁浆[1]，煮一开后（煮的时间过长会失去杏仁的香气）立即将杏仁浆倒入深6厘米的器皿中，撇去浆面浮沫，然后让其冷却凝固。把白糖（100克）倒入锅内，加水（300克）后将锅上火，煮成糖水，出锅后晾凉。

将冷却的杏仁浆用小刀划成斜块，即成杏仁豆腐。把杏仁豆腐块放入小碗内，从碗边倒进糖水，杏仁豆腐块便会浮在水面上。

过去只用上述原料来做杏仁豆腐，可最近也有加入樱桃或桃等水果的。我想日本的蜜豆大概就是这么变来的。另外，杏仁是医治感冒咳嗽的良药，用于止咳时不放琼脂，只喝杏仁浆。

---

[1] 日文版原文如此。一般杏仁浆是在琼脂糖水38℃左右时倒入，这样既容易结冻又能使杏仁豆腐爽滑不易碎。

锅子菜

锅子是烹调器具的名称，根据形状可以分为三种：

1. 火锅

中心是放木炭的空筒，筒下半部周围是放汤的圆槽。这种锅既有保温的功能，又有涮煮食物的功能，故名"火锅"。

2. 热锅

是用银或锡做的锅，其形状虽然和普通的锅相同，但是底部高，下面还安有器皿。因为放入酒精能够燃烧，所以既能使锅中的汤沸腾，又能在其中涮煮食物。这种锅在民间不常用，只用于菊花锅子，因此在民间这种锅也叫"菊花锅"。在宫廷中只在冬季使用，所以又名"热锅"。

以上这两种锅子都具有保温和涮煮食物两种功能。

《光绪大婚图》中的筵宴场面

（乾隆）粉彩滕王阁山水纹暖锅

3. 一品锅（八仙锅）

是用陶瓷做的平底锅，方形和圆形的都有。这种锅不能用于保温，只用来涮煮食物。

做好锅子菜，最重要的是要有好汤，其次是选料，最后是火候。以汤浓而火候足的锅子为上品。

在宫廷中，冬季常做锅子菜，其品目很多。这里介绍的 10 种锅子菜，无论是在宫廷还是在民间，都是常见的。

菊花锅子

油条 5 根，冻豆腐 5 块，鲜豆腐 1 块，粉丝 2 把，净鱼肉 170 克 [1]，好汤 1000 克，鸡肉 170 克，大海米 1 个，干贝 3 个，白菊花 10 朵。

用内壁是锡、外壁是铜做成的中国式的锅子，下面倒入高粱酒或酒精，锅内倒入八成满的汤，盖上盖儿，点燃后上桌。

锅子周围摆着分别盛着各种煮料的盘子，每盘内的煮料制法如下：

首先将油条切成宽 1 厘米的圆片，然后码在盘子里。

其次将冻豆腐用水冲净，控尽水，一切两半，再切成薄片码在盘里。

将净鱼肉片成薄片，鸡肉也片成薄片，分别码在盘里。

把粉丝泡在开水里，待泡软后用水冲净，控尽水，盛在盘里。

菊花用水冲净，将花瓣摆在盘里。

将鲜豆腐用水冲净，控尽水，切成和冻豆腐同样大的薄片。

---

[1] 日文版原书此处无重量，现据常规补上。

锅子上桌，料盘摆好后，先将海米和干贝放入锅内，再放入冻豆腐片、鲜豆腐片、粉丝、鸡片，最后放入鱼片。烧开时撒入菊花，立即盖上锅盖，汤大开时即可蘸酱油或酱油加醋食用。

油条面的和法：

将面粉用水和成比较硬的面团，加入一耳挖勺明矾、发酵粉（少许）和一耳挖勺精盐，揉匀。待面团有蜂窝、拍之有嘭嘭的响声时即成油条面，可抻拉成条下油锅炸熟。

酸菜锅子

大白菜1棵，酸白菜2棵，羊肉400克，鸡肉400克，牛肉丸子800克（在宫廷不用牛肉），整块猪肉[1]，粉丝3把，海米35克，干贝5个，河蟹5只，蛤蜊200克，面条适量，虾油25克，酱油40克，盐适量，韭菜花、醋、糖蒜、辣椒油、酱豆腐[2]各适量。

将白菜洗净，一切两半，放入缸里，浇入开水，压上石块，别放盐，就这样渍两个星期。待出酸味时即可使用。用这种方法在冬天可以渍许多酸菜，既可炒食，又可做汤。在蔬菜极少的满族地区，用这种方法可以过冬。对习惯于紧门闭户居住的人来说，这是最好不过的蔬食了。

将用这种方法做成的酸菜控净水，切成粗2毫米的丝，盛在盘里。

将大白菜也切成和酸菜相同的丝。

将羊肉切成纸一样薄的片，放在盘里。

用刀把鸡肉片成薄片，盛在盘里。

将猪肉整块放入汤中，稍煮后捞出，切成薄片放在盘里。

---

[1] 日文版此处原无猪肉及其重量，现据正文补。
[2] 日文版此处原无辣椒油、酱豆腐，现据正文补。

将牛肉或猪肉剁碎，加入少许淀粉，搅匀后挤出直径约 2 厘米大的丸子，过油炸后盛入盘中。

粉丝用开水泡软，分为两份，一份控净水后盛入盘里，一份控净水后过油炸再盛入盘中。

将河蟹洗净，纵着一切两半，放入盘里。

蛤蜊去壳，用盐水洗净后放入盘里。

接着做蘸食用的调味汁，将虾油、酱油、辣椒油（辣椒末用香油炸成）、酱豆腐、醋、盐、韭菜花分别盛在小碗里，摆在餐桌上，吃时根据自己的口味随意调配。

将猪骨汤和刚才煮猪肉的汤倒入锅子内，再加入干贝、海米，把锅子放到餐桌中央，见汤开时即可依次下入备好的涮料，边涮边蘸调味汁吃，最后待汤浓时下入面条，既可吃面条，也可吃米饭。

一品锅

此菜在明朝时即传入宫廷，清朝建立后，不仅保存了这一宫廷菜，而且还使其成为皇帝赐给后妃或皇妃献给太后的菜品。传入民间以后，此菜又变成亲朋好友之间互相答谢的佳品。多在春季食用。

一品锅的原料：

鸡 1 只，鸭 1 只，海参 4 尾，鱼翅 200 克，鸽子蛋 10 个，火腿 100 克，白菜，猪油[1]，海米 50 克，盐 15 克，花椒 10 粒，菱角 3 个，葱（长 3 厘米的）2 段，鲜姜（小指肚大的）1 块，料酒 20 克[2]。

将鸡宰杀，煺净毛，掏尽内脏，洗净后放入大锅里，加水（以没

---

[1] 这两种原料日文版原书此处无重量。

[2] 日文版此处原无料酒，现据正文补。

锅子菜

锡制一品锅

过鸡为准）和盐（15 克）、花椒（10 粒）、菱角（3 个）和料酒（20 克），用小火炖 2 小时以上。

将净鸭洗净剁去足，放入蒸盆内，加入水（以没过鸭为准）、料酒（25 克）、葱（3 厘米长的 1 段）、鲜姜（小指肚大的 1 块，用刀拍松），将蒸盆上笼，用大火蒸约 2 小时，待鸭肉软烂时为止。

将海参（4 尾）的内脏除净，每尾切为四条备用。

用"红烧鱼翅"中提到的方法将鱼翅加工清洗干净，注意保护好鱼翅的形状。

火腿用中国产的"金华火腿"最好，在横滨就卖中国出产的火腿罐头。如果找不到"金华火腿"，用自己做的也可以。将火腿切成粗 5 毫米、长 5 厘米的条。

将鸽子蛋带皮煮熟，然后剥去皮备用。

将白菜切成 3 厘米见方的块。锅内倒入猪油，烧热后放入海米（50 克）、葱、鲜姜末（各 10 克），稍煸数下，加入白菜块，慢慢倒入鸡汤（以将没过白菜为度），待白菜软烂时出锅。

各料入锅的顺序是这样的：在中国有专用于烹制此菜的锅，但是日本没有这种锅，我想可以用最大的砂锅来代替吧。首先，把炒过的白菜码在锅底，然后把煮熟去皮的鸽蛋码在后面，把海参条码在前面，左右两边分别码上火腿和鱼翅，中间放上鸭子，旁边放上鸡，倒入一半鸡汤，将锅上笼，蒸约 1 小时。出笼后调入精盐等调料，即可将锅端上餐桌。

在宫廷中，用于吊汤的鸡待汤成后，就被人整只整只地扔掉了，这并且成为一种习惯，而我们却可以利用这些鸡来做出各种菜肴。在食用此菜的人数方面，宫廷虽然没有规定，但是一般说来十个人是满可以的。因为，此菜味道清鲜，所以只用它也能招待宾客。

八仙锅

鸡 1 只，海参 10 尾，虾 20 只，银耳[1]，白菜 1 棵，海米 25 克，鱼翅 2 扇，鸽蛋 10 个，火腿（中国产的火腿）[2]。盐 15 克，花椒 10 粒，大料[3]2 瓣，葱 1 棵（切成 5 段），鲜姜 3 厘米大的 1 块。

将鸡整只洗净，掏去内脏，下入锅中，加水（以将没过鸡为度）、盐（15 克）、花椒（10 粒）、大料、葱（1 棵，切成 5 段）和鲜姜（1

---

[1] 日文版原文此处无用量。
[2] 同上。
[3] 日文版原文此处误作"大科"。

块），用小火炖 6 小时。然后将鸡捞出，只留鸡汤。

海参、鱼翅、鸽蛋和白菜的加工分别按前述"一品锅"的方法进行。

将银耳用温水浸泡约 1 小时，待其柔软时为止，然后冲洗干净控净水待用。

将鲜虾剥皮，除去脊线。海米用温水泡 20 分钟，然后控净水待用。

将整鸡脱骨，把鸡肉片成薄片。

把加工过的白菜放入锅内，接着依次下入鸡片、海参条、鱼翅、煮熟去皮的鸽蛋、火腿片和银耳等，倒入泡过海米和银耳的汤，再倒入鸡汤（以将没过各种物料为准），最后加入适量精盐，用小火煨 30 分钟左右，放入鲜虾，即可将锅端上餐桌。

此菜虽然和"一品锅"的味道相同，但其吃法却有若干不同之处。它可以把各种原料盛在盘里摆到桌子上，边涮边吃，在民间用的就是这种方法，而宫廷却必须按前面介绍的方法食用。

什锦火锅

此菜是南方菜，后来传入北方。从很早的时候起便流行宫中，并成为宫廷中新年的应节佳品。每到冬季，民间各家餐馆也都经营什锦火锅，但因其用料可以随意加减，因而失去了其本来的风味。

鸡 1 只（重约 1.3 公斤），猪肉（肥瘦各半）约 450 克，海参 100 克，鲜虾 200 克，嫩竹笋 200 克，白菜 400 克，挂面 100 克，口蘑 100 克，猪腰子（鲜的）4 个，火腿 200 克，葱 10 克，鲜姜 5 克，盐适量，胡椒粉 10 克，淀粉 50 克，油 450 克。

（1）将鸡宰杀，煺净毛，掏去内脏，洗净后放入锅内，加水（以没过鸡为度）、葱（1 段）、鲜姜（1 块），上火煮约 1 小时。然后捞出

错金银万寿字火锅

鸡，将汤倒入盆里，把鸡脱骨，将鸡肉切成厚 6 毫米、长 3 厘米、宽
1.5 厘米的块。

（2）将猪肉（450 克）洗净，用刀剁成馅，加盐（适量）、胡椒粉（10
克）、淀粉（50 克），用手搅匀，挤出 3 厘米大的丸子。锅内倒入油（450
克），烧热后逐个下入肉丸子，稍炸捞出。

（3）将海参洗净，放入开水中，浸泡约 2 小时。再用中火煮约 1
小时，再用开水泡 2 小时，然后除去海参内脏，将海参放入开水锅里，
用小火煮约 1 小时。出锅后再用净水浸泡 1 天，待海参滑软即成。最
后用刀把每个海参划成四条。注意：泡海参的器皿和水绝不能沾油，
一沾油海参就不能回软了。

（4）将鲜虾洗净去皮，用刀划开脊、腹，除去内脏。

（5）将竹笋洗净，片成厚 3 毫米、宽 1.5 厘米、长 3 厘米的薄片。

（6）将白菜洗净，择去老帮叶，切成宽 1.5 厘米、长 3 厘米的条。

（7）把挂面用开水泡 10 分钟后备用。

（8）用开水把口蘑泡 20 分钟，然后反复用水将口蘑洗净，片成宽 1.5 厘米的片。

（9）将猪腰子（4 个）从中片开，剔去白筋，片成宽 1.5 厘米、厚 6 毫米、长 3 厘米的片。

（10）把火腿放入笼内蒸约 1 小时，出笼后切成宽 1.5 厘米、厚 3 毫米、长 3 厘米的薄片。

把葱和鲜姜分别切成丝。

把上述原料分四份分放在四个火锅中：先把葱和鲜姜丝分放在四个大火锅内，再依次将白菜、竹笋和其他原料分放在四个大火锅中，最后倒入鸡汤（火锅容量的五分之四，鸡汤不够时可用其他汤来代替），把木炭放入火锅中央的火筒内，炭燃后约 20 分钟即可开锅。

最好趁热食用，凉了加热再吃也可以。

制作时需要注意的地方是：上述原料不能一次全放进一个火锅中，因此在民间除了餐馆是不能做的。

鱼头锅

此菜原是苏州菜，乾隆年间传入宫廷。现在在上海非常流行，但其制法与用料却与宫廷的多有不同之处，这大概是后来的变化吧。

鲢鱼头（要重约 450 克的，小的不能用）1 个，口蘑 100 克，海米 50 克，火腿 100 克，竹笋 100 克，粉丝 50 克，酱油 90 克，料酒 30 克，白糖 30 克，油 450 克，葱 50 克，鲜姜少许。

（1）将鱼头洗净，放入大碗内，加入酱油（50克）、白糖（15克）、料酒（15克），搅匀后将鱼头浸渍1小时。

锅内倒入油（450克），上火烧热后下入鱼头，将鱼头炸透后捞出。

（2）将口蘑用开水泡20分钟，然后用水冲洗干净，用刀把每个口蘑切成四片。

（3）将海米用开水浸泡20分钟备用。

（4）将火腿切成厚3毫米、宽1.5厘米、长3厘米的薄片。

（5）把竹笋也片成同样大的薄片。

（6）将粉丝用开水泡10分钟，然后用刀切成3厘米长。

（7）将葱和鲜姜分别切成细丝。

把鱼头放在锅中央，依次将口蘑、海米、火腿、竹笋和粉丝分别放在鱼头周围，接着倒入鸡汤（锅容量的五分之四），再加入酱油（40克，如果不够咸，可加适量盐）、白糖（15克）、料酒（15克），用小火煨约1小时后即可供膳。

此菜宜趁热食用，制作时需要注意的地方是：必须将鱼头炸透，如果火大油过热，可将锅从火上撤下来继续炸。

莼菜锅

此菜是杭州名菜，莼菜是产于西湖的一种名贵蔬菜，据说乾隆帝非常喜欢这个菜。

上等鸡肉200克，黄鱼1尾（重约450克），猪腰子2个，莼菜50克，葱、鲜姜各少许，盐适量。

（1）将鸡肉片成厚1.5毫米、宽1.2厘米、长3厘米的薄片。

（2）将黄鱼从脊骨处片为两扇，再片去每扇的皮，将净鱼肉片成

锅
子
菜

银火锅

厚3毫米、宽1.2厘米、长3厘米的薄片。

　（3）将猪腰子片成两半,剔去腰子内的白筋,片成厚3毫米、宽1.2

厘米、长3厘米的薄片。

　（4）把葱和鲜姜分别切成细丝。

　（5）将莼菜冲洗干净,盛在盘里。

　把鸡汤倒入热锅内,其量为锅容量的三分之二。

　点燃锅下的酒精,待锅内的汤烧开时加入适量的盐,再放入全部

原料,煮约1分钟后即可盛入碗内食用。

　此菜趁热食用最好,选料时注意一定要选新鲜的。

野鸡锅

　　此菜是满族地方菜，每年秋冬时节，满族人在其聚居区就会猎捕到大量的野鸡。这些野鸡因为以松子为食，所以肉肥美而香嫩，与中国内地的野鸡不一样。满族人入关前，喜好打猎，他们经常食用猎得的野鸡，但做法相当简单。入关后，他们对做法加以改良，野鸡锅也成为宫廷的九月美食了。

　　野鸡 3 只（每只重 1800 克），酱油 50 克，猪油 10 克，雪里蕻 100 克，松子 10 克，芝麻酱 25 克，虾油 25 克，冻豆腐 100 克，辣椒油 25 克，葱、鲜姜各少许。

　　（1）将野鸡煺净毛脱去骨，剔去肉上的筋膜，洗净后用刀片成厚 1.5 毫米的薄片，盛入盘里（在北京有切薄肉片的专家）。

　　（2）将雪里蕻用水冲净，用刀切成细末。

　　（3）将松子去皮洗净。

　　（4）把葱和鲜姜分别切成末。

　　（5）将冻豆腐切成厚 6 毫米、长 3 厘米、宽 1.2 厘米[1] 的薄片。

　　热锅内倒入水，放入雪里蕻、松子和猪油，再将热锅底下的酒精点燃，汤开后放入冻豆腐。

　　小碗内放入葱、鲜姜末、酱油（25 克）、虾油（15 克）、辣椒油（15 克），搅匀。吃的时候，把野鸡片放入热锅里，汤开时倒入碗里的调料，然后用勺搅匀，把火熄灭，即可食用。

　　此菜趁热吃味道最鲜美，上述原料大体上可供五人食用。买野鸡的时候，必须选新鲜的。切鸡片时，一定要切薄片。

---

［1］　日文版此处原作毫米。

羊肉涮锅

此菜是满族地方菜，满族人在故乡时，以羊肉为一种主要的食物。最初的做法很简单，只是将羊肉用水煮一煮后加点盐就可以了。不久，有关羊肉的烹制方法便多起来了。这里介绍的羊肉涮锅，便是其中的一种。因为产于满族聚居区和蒙古的羊非常肥美，所以此菜也成了名菜，以致中国各地纷纷仿制。在宫廷中，每年立冬那天必吃羊肉涮锅已成风习，北京的各家餐馆也是从立冬后开始供应羊肉涮锅的。

羊肉 900 克，酱油 100 克，芝麻酱 50 克，酱豆腐（3 厘米见方的）2 块，韭菜花 40 克，虾油 40 克，辣椒油 50 克，葱、鲜姜、香菜各少许，酸菜 200 克，冻豆腐 100 克，糖蒜 2 头，雪里蕻 100 克，中国挂面 100 克，香菜 15 克。

（1）羊肉必须选用羊后腿和所谓的上脑，横着肉纹，用刀将肉切成厚 0.3 毫米（像纸那样）、长 6 厘米、宽 1.5 厘米的薄片，散放在大盘里。

（2）八个小碗内分别放入酱油、芝麻酱、酱豆腐、韭菜花、虾油、辣椒油、香菜末、葱花和姜末。

（3）将酸菜切成长 6 厘米、宽 6 毫米的丝备用。

（4）将冻豆腐用开水泡 10 分钟，回软后用刀切成厚 6 毫米、宽 3 厘米、长 4 厘米的丝。

（5）用开水把挂面浸泡 20 分钟，然后把挂面、酸菜丝和冻豆腐丝分别盛在盘里。

（6）将雪里蕻切成末。

大火锅内倒入相当于火锅容量四分之三的水，接着放入雪里蕻和猪油，将火锅盖盖严，把木炭燃红，约过 20 分钟，待汤烧开时，将羊肉片、酸菜丝、冻豆腐丝、挂面和调味汁碗摆到桌子上。吃的时候，根据自己的口味，将八种调味料随意调配盛在自己面前的小碗内，然后将羊肉片放入火锅中，涮数秒钟后用筷子夹出，蘸上调味汁，即可食用。

待羊肉片涮到汤浓时，再下入酸菜丝、挂面、冻豆腐丝，稍涮后即可用筷子分别夹出蘸调味汁食用。吃肉的过程中，可佐以糖蒜，据说既解油腻又助消化。羊肉涮锅菜必须趁热食用，应该注意的地方是：羊肉必须选用羊后腿肉，切肉的时候一定要将肉切成薄片。现在，羊肉涮锅在中国各地非常流行，但调料已发生了很大的变化，已经没有昔日的风味了。

上述材料可供四五个人食用。

豆腐锅

此菜是江南名菜，于乾隆年间传入宫廷。在民间虽然仍有此菜，但早已发生了很大的变化，和原来的豆腐锅完全不同，而宫廷的则仍按原来的方法制作。

豆腐 1 块，鲜虾约 50 克，大海米约 30 克，口蘑 3 克，竹笋 50 克，火腿 50 克，猪脂油 35 克，葱、鲜姜各少许，盐适量。

（1）将鲜虾洗净剥去皮，用刀划开脊、腹，除去脊线和腹线。

（2）用开水将大海米浸泡 20 分钟。

（3）将口蘑洗净，用开水泡 20 分钟后，将泡口蘑的水澄清留用，再用清水将口蘑冲净，每个口蘑切成四片。

（4）将竹笋片成厚 3 毫米、宽 1.2 厘米、长 3 厘米的薄片。

（5）将火腿切成厚 3 毫米、宽 1.2 厘米、长 3 厘米的薄片。

（6）把猪脂油用刀切成 5 毫米见方的小丁。

（7）将葱和鲜姜分别切成末。

将豆腐保持原形，放入锅中央，上面撒上猪脂油丁，再依次将火腿片、鲜虾、海米、葱、姜末和口蘑片等，放在豆腐周围，接着倒入口蘑汤，把盖盖严，用中火煮 1 小时后即可供膳。

此菜趁热吃最好，晾凉后加热再吃也可以。上述用料可供四五个人食用。煮时务必使调料味渗进豆腐中，这样才能使此菜成为美味。

汤
菜

一、怎样做宫廷汤菜的汤

清朝宫廷的汤是非常有名的，其做法也与民间的完全不一样。

一般说来，当厨师做某一种汤的时候，务必要用其原来的汤，但是民间的汤却是将鸡、鸭、鱼、肉等放到一个锅里同煮而取得的，并且在做汤菜的时候又可随意取用，因此用这种汤做成的汤菜，就没有一菜一味的特色，所以我想在这里把宫廷做汤的基本方法介绍给大家。

鸡 汤

将3只肥鸡分别宰杀后煺净毛，掏去内脏，洗净后放入大锅中，倒入水（鸡的一倍）， 放入大葱（40克）、鲜姜（20克）和甘草（5克），用小火将鸡煮烂。做汤菜的时候，即可采用此汤。

乾清宫皇帝家宴景观

高 汤

把猪肉（约1千克，三分之二瘦肉，三分之一肥肉）放入锅中，倒入水（肉的两倍），加入葱（30克）和鲜姜（20克），用小火将猪肉煮烂为止。做汤菜的时候，即可选用此汤。

排骨汤

将带肉的猪排骨用清水冲净，将2千克排骨放入锅中，倒入水（排骨的一倍），加入大葱（40克）和鲜姜（20克），用小火煮约1小时。用这种汤，能做排骨白菜汤等汤菜。

鱼 汤

将长约15厘米的5尾鲫鱼去鳞，掏去内脏，用水冲净后放入锅中，倒入水（鱼的二倍），加入大葱（20克）和鲜姜（30克），用大火煮20分钟，即成鱼汤。

鲍鱼汤

将干鲍鱼（450克）用开水泡30分钟，然后用清水冲净，放入大锅里，倒入水（鲍鱼的四倍），加入大葱（20克）和鲜姜（30克），将鲍鱼完全煮松软后，即可取汤。

清 汤

将两个鸡蛋的蛋清倒入开汤中，搅匀后，滤一遍，汤就像水那样清澈了，故得此名。

（乾隆）粉彩鱼形汤盒

清宫铜胎镀金掐丝珐琅碗与青玉柄金汤匙

二、汤菜谱

菊花鸡汤

鸡肉 70 克，盐适量，浓鸡汤 200 克，白菊花 5 朵。

将嫩鸡肉切成丝。

把鸡汤（要浓鸡汤，用一只鸡煮成的汤才是真正的浓鸡汤，在宫廷就是用这种方法熬鸡汤的）烧开，放入鸡丝，加入精盐和其他调料，最后撒入菊花瓣，立刻将汤端上餐桌。

此汤上桌后如不立即食用，就会出苦味。在菊香怡人的金秋时节食用此汤，是一种高雅的美食享受。

野鸡汤

据说清朝的历代皇帝都非常喜欢这个汤菜，原来满族聚居区松树多，野鸡因为吃松子而长得特别肥嫩，入菜绝佳。清朝的顺治帝统一中国后，在宫廷中仍保持着关外的饮食生活习惯。此菜在关外时做法极其简单，后经汉族著名厨师对其做法加以改良，便发展为宫廷名菜。直到现在，北京的仿膳斋（仿膳饭庄）还保留着这种做法。

野鸡 2 只，鸡蛋 2 个，香菇 10 朵，葱、鲜姜各少许，竹笋 1 根，精盐适量，淀粉少许。

（1）先将两只野鸡分别煺净毛除去内脏，用清水冲净。

（2）将一只野鸡放入大锅内，倒入水（鸡的一倍），加入鲜姜（1块），用中火煮约 40 分钟。

（3）将另一只野鸡的脯肉剔出，再将脯肉片成薄片，用刀背轻轻地砸松。

（4）将鸡蛋（1个）磕开，留清去黄，将蛋清倒在鸡肉片上，加入淀粉，用手轻轻地抓匀。

（5）将竹笋洗净，用刀片成薄片。

（6）将香菇用水泡发后洗净切片，葱和鲜姜分别切成末。

将熬汤的野鸡捞出，把汤倒在盆里，放入鸡蛋清，搅匀，汤即澄清如水。

将清汤倒入锅内，烧开后放入竹笋片和香菇片，汤再开时放入野鸡片、葱、鲜姜末[1]，汤开时即可供膳。

此汤趁热舀食最美，一凉味就不鲜了，如果凉后再加热则风味全无。

将野鸡片放入汤中后，最好汤一开立即出锅，否则煮过了火，鸡片便不鲜嫩了。

氽丸子

猪肉300克，鸡蛋1个，盐适量，冬瓜半个，酱油15克，香油6克，葱末少许，鸡汤500克。

将猪肉（300克）剁碎，加入葱末、鸡蛋清（1个）、盐（适量）、香油（6克）和酱油（15克），搅匀成泥，接着用手将肉泥挤成直径约2厘米的丸子。

把鸡汤倒入锅内，放入冬瓜片（长2厘米、厚1毫米的长方片），待冬瓜片被煮成半透明状时逐个下入丸子，加入盐和其他调料即成。

此菜的丸子不限于用猪肉，用虾肉或鸡肉做丸子也很好。

---

[1] 日文版原文如此。但此处应放盐，否则汤无咸味。

三鲜汤

这是个在中国各地流传很广的山东汤菜，宫廷的做法虽然麻烦，但是和其他菜肴的要求却是一样的。

大虾 100 克（如果是去皮的，则用 50 克），口蘑 50 克，鸡肉 100 克，葱 10 克，鲜姜 5 克，豌豆 25 克，酱油 15 克，精盐适量，鸡汤 500 克。

（1）将大虾去皮洗净，用刀划开脊、腹剔去黑线。

（2）用开水把口蘑浸泡 20 分钟，用水冲净，再用刀将口蘑片成长 1.5 厘米、宽 0.2 厘米的薄片。

（3）用刀将鸡肉片成厚 1.5 毫米[1]、长 1.5 厘米、宽 1 厘米的薄片。

（4）将葱和鲜姜分别切成细丝。

（5）将豌豆也切成细丝[2]。

把锅洗净，倒入鸡汤（清汤），上火将汤烧开，放入口蘑，加入酱油（5 克），用精盐调好口味，酱油不可放多。接着放入鸡片、大虾，煮约 10 秒，立即将汤倒入碗里，撒上豌豆，即可供膳。

此汤宜趁热食用，一凉汤就咸了，选料时一定要选新鲜的。

民间做此汤时可随意添加原料，宫廷的则不许随意变动。

榨菜汤

据说这原是四川的汤菜，传入山东后，于明朝末年传入宫廷。因为其做法简单，所以直到现在中国各地的餐馆还都经营这个汤菜。

四川榨菜 100 克，猪肉 100 克，竹笋 100 克，葱 10 克，鲜姜 5 克，

---

[1] 日文版此处原作厘米。

[2] 日文版原文如此。据下面豌豆的用法，可知是将嫩豌豆豆苗择洗干净。

（同治）金碗、金碟、玉柄镶金汤匙与青玉镶金筷子

木柄镶金玉顶漏匙

酱油 5 克，胡椒粉少许，猪排骨汤 500 克。

（1）将榨菜用开水泡 1 小时，然后洗去盐分，用刀将榨菜切成粗 1.5 毫米、长 3 厘米的细丝。

（2）用刀将猪肉切成粗 1.5 毫米、长 3 厘米的细丝。

（3）用清水将竹笋冲净，再用刀将其切成粗 1.5 毫米、长 3 厘米的细丝。

（4）将葱和酱油[1] 分别切成细丝。

将排骨汤（500 克）倒入锅中，上火烧开后放入榨菜丝，煮约 10 分钟后投入葱丝、姜丝，再放入肉丝和竹笋丝[2]，加入酱油（5 克），撒上胡椒粉，煮约 3 秒后即可供膳。

洗榨菜时，务必将其盐分洗掉。如果未洗尽，做成的汤将因咸辣过度而不可口。

鸡血酸辣汤

这是个早在宋代就有的汤菜，《东京梦华录》中就有这个汤菜的记载。[3] 根据中国人的习惯，酒后必得吃菜喝汤，据说这能醒酒。这个汤菜虽然有多种做法，但是我在这里介绍的却是传入宫廷的做法。

鸡血 100 克，豆腐 1 块，猪肉 100 克，葱 10 克，鲜姜 5 克，酱油 15 克，醋 15 克，淀粉 35 克，香菜 10 克，胡椒粉少许，竹笋 50 克。

（1）将鸡血用刀切成粗 1.5 毫米、长 3 厘米的细丝。

---

[1] 日文版原文如此。据此菜用料栏和下面用法，此处的"酱油"应为"鲜姜"。

[2] 日文版原文此处将竹笋丝漏掉，现据烹调常规补。

[3] 译者在《东京梦华录》中未查到这一汤菜。

（2）将豆腐也切成同样大的丝。

（3）把猪肉和竹笋也分别切成鸡血那样的细丝。

（4）将葱和鲜姜分别切成细丝。

（5）将香菜切成末。

把排骨汤倒入锅内，上火烧开后放入肉丝，再放入鸡血丝、豆腐丝、竹笋丝、葱丝和姜丝，汤开时加入酱油（15克）、醋（15克），撒入胡椒粉，煮约1分钟后淋入水淀粉，用手勺将汤搅匀，待汤开起时盛入碗内，撒上香菜末，即可供膳。

此汤趁热喝最好。制作时要注意：因为豆腐丝和鸡血丝容易碎，所以勾芡时要用手勺慢慢地搅。

鱿鱼酸辣汤

这是湖南有名的汤菜，后来传入宫廷。与"鸡血酸辣汤"一样，也是为醒酒而发明的，但它是又一个种类的酸辣汤。

干鱿鱼200克，竹笋100克，青菜100克，海米300克，酱油15克，醋15克，胡椒粉少许，食碱末少许，葱20克，鲜姜50克，鲍鱼汤500克，鲫鱼块50克。

（1）将干鱿鱼洗净，放入大碗里，倒入开水，加入食碱末，盖严，泡2天。待干鱿鱼变软时取出，去掉头、尾和须后洗净，用刀片成宽1.2厘米、长3厘米的薄片。

（2）将竹笋洗净，用刀片成宽1.2厘米、长3厘米的薄片。

（3）把青菜放入锅中，倒入水，煮约10分钟后捞出[1]，放在净布上，包起来拧去水，然后用刀切成长3厘米的块。

---

[1] 日文版原文如此。按烹调常规，一般是锅中水大开后放入青菜，焯一下立即捞出。

（4）用开水将海米浸泡 20 分钟。

（5）将鲜姜[1]切成宽 3 毫米、长 4 厘米的丝。

（6）把鲜姜切成薄片。

把鲫鱼块放入锅内，倒入鲍鱼汤[2]，烧开后放入泡过的海米，煮约 3 分钟，再放入鱿鱼片、竹笋片和青菜，待汤开时加入酱油（15 克）、醋（15 克），撒上胡椒粉，稍煮后即可倒入碗内供膳。

此汤趁热喝最好。制作时应该注意的地方是：务必将干鱿鱼泡透，否则鱿鱼会因硬韧而不脆嫩，影响此汤的风味。

汆三样

这是个纯粹的满族汤菜，在北京民间，提起"汆三样"人人皆知。从很早的时候起，汆三样便成为宫廷汤菜。因为它做法简单，所以作为夏季汤菜是再好不过的了。

羊肉 100 克，羊腰子 100 克，羊肝 100 克，黄瓜 50 克，葱、鲜姜各少许，香油 10 克，酱油 25 克，鸡汤 500 克，精盐 3 克。

（1）将羊肉切成厚 1.5 毫米、宽 1.2 厘米[3]、长 3 厘米的薄片。

（2）先将羊腰子洗净，然后把每个腰子一片两半，剔去腰内白筋，片成厚 1.5 毫米、宽 1.2 厘米、长 3 厘米的薄片。

（3）将羊肝用刀切成厚 1.5 毫米、宽 1.2 厘米、长 3 厘米的薄片。

（4）将葱和鲜姜分别切成细丝。

（5）碗内放入羊肉、羊肝、羊腰子、葱和鲜姜，再倒入酱油（25 克）和香油（10 克），用筷子搅拌均匀。

---

[1] 日文版原文如此。据此菜用料此处的"鲜姜"应为"葱"。

[2] 日文版原文如此。按烹调常规和此汤用料，此处应放姜片，下面撒胡椒粉时应放葱丝。

[3] 日文版此处原作毫米。

（6）将黄瓜洗净，用刀切成厚1.5毫米的薄片。

把鸡汤（500克）倒入锅内，用大火烧开，加入适量的盐，将碗内的羊肉等拨入锅里，用筷子拨散，煮约2秒，待汤开时撒入黄瓜片，立即将汤倒入碗中，即可供膳。

此汤趁热喝最有风味，羊肉、羊肝和羊腰子一定要选新鲜的。

火腿冬瓜汤

这原是江南的汤菜，于乾隆年间传入宫廷。现在江南各家餐馆仍有这个汤菜，属夏令汤菜。

冬瓜100克，火腿100克，大海米50克，葱、鲜姜各少许，盐6克，鸡汤（清汤）500克。

（1）将冬瓜去皮去瓤，然后切成厚1厘米、宽1.2厘米、长3厘米的片，再将切得的冬瓜片放入锅中，加入水（少许），用大火煮10分钟后澄去汤。

（2）将火腿切成厚3毫米、宽1.2厘米、长3厘米的薄片。

（3）用开水把海米浸泡20分钟，然后控净水。

（4）把葱和鲜姜分别切成薄片。

大碗内放入葱片和姜片，逐片码入煮过的冬瓜片，再把火腿片码在冬瓜片上，浇上鸡汤[1]，以汤到碗的四分之三处为止。接着将碗放入蒸笼，用大火蒸30分钟后即可供膳。

此汤最宜趁热食用，凉后加热再喝也可以。制作时要注意：千万别将冬瓜蒸过火，否则火腿味就渗不进冬瓜中了。

---

[1] 日文版原文如此。此处或后面食用前应将盐放入。

白菜汤

这是山东汤菜，山东是中国著名的大白菜产地，其产量也是全国最高的。在宫廷中有数百种用大白菜做的菜，白菜汤就是其中最简单的一种。

大海米 100 克，大白菜 1 棵，猪油 35 克，葱 10 克，鲜姜 5 克，盐 6 克，猪排骨汤 500 克。

（1）去掉白菜老帮叶，用清水冲净，只用菜心。用刀将菜芯片成宽 3 厘米、长 4.5 厘米的长方片。

（2）用开水把海米浸泡 20 分钟，然后控净水。

（3）将猪油放入锅内，上火化开，去掉渣。

（4）将大葱切成斜葱，将鲜姜切成薄片。

大锅内倒入化开的猪油，上火将猪油烧热，放入海米，煸炸后投入葱、姜，接着放入白菜片，炒约 10 分钟后倒入猪排骨汤，用小火煮 20 分钟，待白菜软烂时加入盐，再煮约 3 分钟后即可将汤倒入碗中供膳。

此汤趁热食用最好，凉后加热也不变味。用猪油和排骨汤煮白菜片时，一定要将其煮透。

羊肝汤

这是纯粹的满族汤菜，后来传入北方各地。凡是北京人，没有不知道羊肝汤的做法的。作为秋季应时汤菜，即使在宫廷也是如此，只不过其做法远比民间的复杂而已。

羊肝 1 个（900 克），大葱 10 克，鲜姜 10 克，酱油 15 克，芝麻酱 10 克，虾油 20 克，花椒 5 粒，甘草 1 片，香菜 10 克，白腐乳 1 块，精盐 8 克。

（1）将羊肝洗净，撕去外侧的黑皮，用盐将内侧揉洗干净，再用清水冲净后，将羊肝放入锅中，倒入水（羊肝的一倍），加入大葱（2段）、鲜姜（2块）、花椒（5粒）和甘草（1片），用小火炖约3小时，将羊肝炖烂。

（2）将香菜、大葱和鲜姜分别切成末。

（3）将葱、姜末放入碗内，加入酱油（15克）、芝麻酱（10克）、虾油（20克）、香菜末（10克），用筷子搅匀，即成调味汁。

将炖过的羊肝出锅，用刀切成粗6毫米、长3厘米的细丝。

把炖羊肝的汤从锅内倒出，再用净布过滤，将净汤重新倒入锅中，放入羊肝丝，上火煮20分钟后加入适量盐，然后将汤分盛在四个大碗内，把配好的调味汁分别倒入四个大碗里，搅匀后即可食用。

此汤趁热食用最好，凉后加热再吃也可以。制作时需要注意的地方：一是一定要将羊肝洗净，二是务必将羊肝煮透。

肝片笋片口蘑汤[1]

此汤是江南汤菜，现在中国各地的餐馆都有这个汤菜，但因这些餐馆随意加减原料，因而早已失去此汤的本味，而宫廷的则一直按传统方法制作。

猪肝（已经煮好的）200克，竹笋100克，口蘑50克，酱油15克，葱、鲜姜各少许，鸡汤500克，口蘑汤300克。

（1）猪肝的煮法按"冷菜"中第8个"拌三丝"的方法做，必须用200克煮好的猪肝，将煮过的猪肝用刀切成宽1厘米、长3厘米的片。

（2）将竹笋用刀片成厚1.5毫米、宽1厘米、长3厘米的薄片。

---

[1]　日文版此处原作"鸡片笋片口蘑汤"，现据正文改。

（3）先将口蘑洗净，再用开水将口蘑泡开，然后用清水把口蘑冲净，片成宽1厘米、长3厘米的片。注意不要将泡口蘑的汤扔掉。

（4）将大葱和鲜姜分别切成细丝。大碗内放入大葱和鲜姜，接着码入竹笋片、羊肝片和口蘑片[1]，倒入鸡汤和口蘑汤（汤至碗的四分之三处），将大碗放入蒸笼，用大火蒸约30分钟，出笼后即可食用。

此汤趁热食用最美。制作时应注意：一定要将猪肝切成薄薄的片再蒸，汤味不够咸时可用盐调味，不要再放酱油，以免汤色过暗。

---

[1] 日文版原文此处漏掉酱油。

宫廷点心

一、点心概说

我对中国的点心也很感兴趣，所谓"点心"，我认为是三餐之外所吃食物的泛称。在北京，据说又叫"小吃"。

像这些三餐之外所吃的食物，虽然中餐、西餐都有，但是要说种类繁多、因地而异、各有传统、多有掌故却是中国点心的特色。

例如在北方常见的馒头，虽然它是像面包那样的一种面食，但是据说它却有着这样一段故事：传说三国时，诸葛亮征讨孟获率领军队归来的时候路过泸水，发现许多战死的兵士的亡灵挡住了去路，大军不能过河。诸葛亮从当地人的风俗中得知，摆上七七四十九个人的人头以祭亡灵，就能过河了。但是当时战争已经结束，不能随便再杀人了。于是，诸葛亮就想出了用白面蒸成的"馒头"来代替人头的供祭办法。就这样，诸葛亮的大军终于渡过泸水，"馒头"也从此出了名。这段传说在历史上是否确有其事，虽然没有追溯的必要，但是在中国倘若你提到它，人们大多会津津有味地讲给你听。

再有每年农历五月初五吃粽子，据说和楚国的大诗人屈原有关。尽管屈原一心为国，却因奸臣的谗言而未能受到楚王的重用。他因为被流放而陷入极度的忧闷之中，便于农历五月初五投江自尽。后来人们为了纪念屈原，便在他投江的那天，把用竹叶和糯米包成的粽子投入江中，以表示对这位伟大诗人的怀念之情，据说这就是粽子的来历。像这样的故事与传说还有很多，这里我就不一一加以介绍了。

中国的点心也是以广东、扬州和北京的为代表吧，广东的点心确实多，扬州的点心最精巧，兼具这二者长处的，是北京的点心，而宫廷的点心在中国又数第一。

以上，我简单谈了谈中国点心的一般情况，我打算在这里详细介绍的，是关于清朝宫廷的点心。

我在前面已经说过，在中国历史上，清朝是一个长时间保持太平的朝代。自顺治帝入关以后，经过康熙、乾隆两大全盛时期，清朝经济繁荣物产丰盈天下太平，自然其饮食也愈加精巧起来。虽然点心是在人们的饮食生活中自然而然地产生出来的食物，但是在宫廷中，却盛行把点心作为馈赠之物。按照宫廷惯例，每当节日来临之际，皇帝就要向亲王和大臣赐佳肴。与此同时，点心也作为御赐的美食珍品。这些受到美食赏赐的亲王和大臣之家，争相仿制宫廷美味，其中最有名的是豫王府[1]的奶油饽饽（奶油馒

---

[1] 豫王府在北京东单三条，今中国协和医科大学及协和医院是其原址。第一代豫亲王多铎（1614—1649）是清太祖努尔哈赤第十五子。

清宫糕点模具

太监传膳

头），该府点心师能用奶油做出数百种风味特殊的美点。再如肃王府[1]的水果点心也名噪一时。这股仿制宫廷美点的风气也吹到了民间，民间各家点心铺纷纷聘请王府或大臣府邸的点心师，为该铺亲制一两种有特色的宫廷点心，这些点心铺因此而名噪京城，被聘请的点心师也因此致富。直到现在，这些点心铺及其名点仍为北京人所熟知。像芝兰斋的翻毛月饼啦，致美斋的萝卜丝饼啦，瑞芳斋的花糕啦等，如果究其起源，都是由宫廷到王府和大臣府邸，再由王府和大臣府邸传入民间的。

如果不问宫廷与民间，中国的点心大体上可以分为两种，一种是完全按照专门的方法制作而又不能大量生产的点心，这些点心需要许多特殊的器具和巧妙的技术才能制作，而不是一般家庭所能办得到的。在中国，这些点心被称为"甜点心"，相当于西餐的"蛋糕"。另一种类似于菜肴，普通家庭也能少量制作，像饺子和粥啦等就属于这一种。在中国，这些点心叫作"面点心"或"粥点心"。在西餐中，这些点心也归到餐食之中。我在本书中打算介绍的，就是后者。不用说它的制作和菜肴是不同的，做菜时如果用料和做法有误，这个菜肴也能做出来，而点心除了用料和做法以外，还有个熟练的技巧做要素。因此，我选入本书中的点心，都是最容易制作、做法最简单、用普通方法就能做出来的，这是我反复考虑之后决定的。我把这些点心分为以下几类：

包馅类（饺子、馄饨等）

面条类（汤面、拌面等）

---

[1] 这里的肃王府似指北京东四十四条西口路北的肃亲王新府，第一代肃亲王豪格（1609—1648）是清太宗皇太极长子。

清人绘《端阳故事图·裹角黍》，即包粽子

蒸食类（馒头、花卷等）

粥类（腊八粥、荷叶粥等）

饼类（春饼、家常饼等）

其他类（猫耳朵等）

二、包馅类点心

将面粉加水和成面团，再将面团擀成薄皮，包上蔬菜、肉类、海参等，用煮、烙等方法加热成熟后，即成为包馅类点心。这类点心形态各异、加热方法不同，在宫廷中其品种不下数百种，因此不可能全部加以介绍，这里只谈谈以下几种：

（1）饺子类

（2）馄饨类

（3）馅饼类

（4）包子类

以上四种因为是最普通的，所以一般家庭都容易做。

饺子类

做饺子时，应该注意四点：第一是饺子面的和法，第二是饺子馅的制法，第三是饺子皮的擀法，第四是煮、煎、蒸等使饺子成熟的方法。饺子因馅心不同而有诸如"白菜馅饺子""三鲜馅饺子"等品种之别，在加热方法上又有煮、煎、蒸等之分。下面，分别对此加以介绍。

煮饺子面的和法

把高筋性的面粉（450克）倒入面盆内，加水和成面团，和好后盆内不许留有面渣。然后将一块湿净布盖在面团上，饧 30 分钟。

蒸（煎）饺子面的和法

将高筋性的面粉放入面盆内，倒入开水，和匀揉透后盖上一块湿净布，饧 30 分钟即成。

饺子皮的制法

把饧好的饺子面团（450 克）分成三十等份，每份用手滚成圆球状。面板上撒上面粉，把饺子剂儿放在面板上，用面杖将剂儿逐个擀成皮（每个皮厚 3 毫米）。

饺子的包法

把拌好的饺子馅用竹尺掭入饺子皮中心，用双手包合，即成饺子。包合时，注意不要有缝隙，以免跑味。

怎样煮饺子

大锅内倒入四分之三的清水，用大火烧开后放入饺子，煮开时添入清水，再开时即可将饺子捞出供膳。

怎样蒸饺子

大笼屉内铺上一块湿净布，将饺子逐个码在湿布上，待锅内水烧开时放上笼屉，盖上屉帽，蒸 30 分钟即可出笼供食。

怎样煎饺子

先在平底锅内倒点儿油，用小火将锅烧热，把饺子逐个码在锅内，洒入少许水，待水完全蒸发即可用锅铲将饺子铲入盘中，上桌供膳。

怎样做饺子馅

这里介绍三种宫廷饺子馅的制法：

①三鲜馅

口蘑 50 克，大虾 100 克，海参 100 克，大葱、鲜姜各 20 克，盐 4 克，香油 40 克。

将口蘑、大虾和海参反复剁成末，放入馅盆中，加入葱花、姜末，再拌入盐和香油，用筷子拌匀即成。

②白菜猪肉馅

猪肉 100 克，白菜 100 克，大葱、鲜姜各少许，酱油 50 克，香油 50 克。

先把猪肉剁成馅，放入馅盆内，加入葱花、姜末、酱油和香油，用筷子拌匀，渍 20 分钟。

把白菜洗净，剁成馅，放入净布内包起来，拧去水，倒入肉馅盆内，用筷子将白菜与肉馅拌匀，即成白菜猪肉馅。

③蟹肉馅

蟹肉 200 克，竹笋 100 克，口蘑 50 克，大葱、鲜姜各 20 克，料酒 20 克，酱油 25 克，香油 40 克，盐 4 克。

把蟹肉、竹笋和口蘑（水发）分别剁成末，放到大碗里，加入葱花、姜末、料酒和香油，用筷子拌匀，再加入酱油和盐，拌匀即成。

馄饨类

馄饨和饺子稍有不同，饺子做成后立刻就可以吃，而馄饨还必须将汤做好并进行调味后才能食用，因此馄饨的制作包括馄饨本身的包制和汤的调制这两个方面。

怎样做馄饨皮

馄饨皮的做法和饺子皮的做法基本相同，皮也要像饺子皮那样薄。将面粉（450 克）加水和匀揉透后盖上湿净布饧 30 分钟，然后用手分成二十等份，用面杖将每份擀成直径约 11 厘米的圆薄片，再将每片做成馄饨皮。

（康熙）黄地五彩云龙纹碗

（雍正）珐琅彩黄地云龙纹碗

怎样做馄饨馅

馄饨也像饺子那样根据馅心而有品种之别，如三鲜馄饨啦，净肉馄饨啦等，这里只介绍三种。

①净肉馅

猪前腿肉 100 克，鲜姜 10 克，盐 2.5 克，香油 35 克。

将猪前腿肉（100 克）用刀剁成馅,放入大碗里,逐渐加水（50克）用筷子打均匀,再加入鲜姜末、香油和盐,用筷子搅拌均匀即成。

②鸡肉口蘑馅

鸡腿肉 150 克，口蘑 50 克，大葱 25 克，鲜姜 10 克，酱油 40克，香油 50 克。

将鸡腿肉（150 克）用刀剁成馅,放入大碗里,逐渐加入水（50克）搅打均匀,再放入口蘑末（口蘑用开水浸泡 20 分钟，洗净后切成末）、葱花、鲜姜末,搅匀后加入酱油和香油,用筷子打匀即成。

③三鲜馅

用料、做法和饺子的三鲜馅一样。

怎样做馄饨汤

汤是馄饨制作中不可缺少的部分，这里介绍两种汤的制法。

①骨汤

猪排骨 450 克，大葱、鲜姜各少许，盐 15 克。

将猪排骨洗净，放入大锅内，倒入水（锅的五分之四量），加入大葱、鲜姜和盐，用小火煮 1 小时即成。

②鸡汤

其制法与汤菜中鸡汤的制法一样。

馄饨的汤料

香菜：切成五段。

海米：用油浸炸后剁成末。

紫菜：撕成小片。

胡椒粉

馄饨的吃法

一开始和饺子的做法一样，把包好的馄饨用水煮后捞出，控去汤，分盛在五个大碗里，每碗十六个馄饨，然后倒入备好的热鸡汤或猪排骨汤，撒入海米末、紫菜和胡椒粉，即可供膳。这是宫廷的吃法，民间的则因人而异。

馅饼类

这也在包馅类点心之内，其制法分为皮、馅和加热法三部分。

怎样做馅饼皮

馅饼皮面和蒸饺子的一样，只是包法不同。

把面粉（450 克）放入面盆内，倒入开水，和匀揉透，将面团放到面板上，分成二十等份，每个剂儿用面杖擀成直径约 12 厘米的圆薄片。

把拌好的馅放入皮中心（相当于皮五分之三的容量），用手包好，再放到面板上，用面杖擀平圆。

将饼铛上火烧热，放少许油，擦匀铛面，把馅饼码在铛上，用小火将馅饼两面烙上色，馅熟即可。

怎样做馅饼馅

馅饼的馅种类很多，做法和饺子、馄饨的一样，这里简单地介绍三种。

①羊肉葱花馅

羊肉馅 200 克，大葱 50 克，鲜姜 15 克，香油 50 克，酱油 35

紫檀百宝嵌海棠式食盒

克，盐适量。

将羊肉馅放入大碗内，用筷子逐渐加水（30克）打匀，加入葱花、姜末，搅匀后再调入酱油、香油和盐，拌匀即成。

②冬瓜猪肉馅

冬瓜100克，猪肉馅100克，大葱30克，鲜姜15克，酱油25克，香油50克，盐2克。

将猪肉馅放入大碗内，加入葱花、姜末，再放入酱油、香油和盐，搅匀后渍20分钟。

把冬瓜去皮、瓤，用刀剁成馅，拌入渍后的猪肉馅中。

③韭黄猪肉馅

韭黄100克，猪肉馅100克，鲜姜15克，葱少许，酱油15克，盐3克。

把猪肉馅放入大碗内，加入鲜姜末、葱花[1]、酱油和盐，搅匀

[1] 日文版此处漏掉葱，现据上文补。

后渍 20 分钟，再拌入韭黄末。

包子类

包子的皮是用发酵面团做成的，我们将在"蒸食"文中加以介绍，包子的馅也和我已经谈过的三种馅饼的馅一样。

三、不包馅类点心

面条类

这是在中国流传甚广的面食，中国北方盛产小麦，所以面条便成为常见食品。南方面粉不多，面食只作为副食或点心。在宫廷中，面条也作为副食，其做法很多，也有家庭不能做的，这里只介绍几种。

切　面

把筋力大的面粉放入面盆内，倒入水，再加入 35% 的盐水，用手和匀揉透，饧 30 分钟。

把饧好的面团放到案板上，用大面杖将面团擀成 3 毫米厚的片，再撒上面粉，叠成长方形，用刀将叠起的面片切成 3 毫米细的面条，切完后将面条搋散。

大锅内倒入清水，用大火烧开，下入面条，煮约 3 分钟即可供膳。

拉　面

将筋力大的面粉放入面盆内，倒入水，再加入 35% 的盐水，用手和匀揉透，盖上一块湿净布，饧 1 小时。

将饧好的面团放到案板上，撒上面粉，用大面杖将面团擀成

3毫米厚的片，再用刀切成3毫米细的条。

大锅内倒入清水，烧开后用双手将切好的面条抻成1.5毫米细的条，随抻随下入锅中，煮约3分钟就可以捞出。

下面是作为点心的面条的做法，分汤面类、拌面类和炒面类。

鸡丝汤面

把熟鸡肉450克（制法参照白斩鸡），切成粗3毫米、长3厘米的丝。

备鸡汤（制法参照汤菜中的鸡汤）五碗，葱花25克。

面条（和切面拉面制法一样）煮熟后，捞入五个大碗内，捞时注意把汤控干。接着把鸡丝和葱花撒在五个大碗的面条上，再浇上烧开的鸡汤，用盐调好口味，即可食用。

什锦汤面

把白煮鸡（50克）切成丝；鲜虾去皮除去脊、腹黑线，备净虾肉50克。

将泡发的口蘑冲净后，切成丝备用。

海米（30克）用开水浸泡后备用。

（雍正）黑漆描金百寿字碗

将竹笋（30克）洗净，切成细丝。

将鸡汤倒入锅中，烧开后加入香油（6克）、酱油（35克）和盐（适量），接着放入鸡丝、鲜虾、口蘑丝、海米、竹笋丝、葱花和姜末，煮5分钟。

把煮好的面条控净水，盛入五个大碗内，每碗浇上做好的什锦汤，即可食用。

打卤拌面

猪肉（肥肉和瘦肉各一半）200克，海米50克，口蘑50克，竹笋50克，葱花、鲜姜末各20克，淀粉80克，酱油50克，盐6克，鸡蛋3个。

大锅内放入猪肉丝，倒入800克水，煮至肉丝熟嫩时将肉丝捞出，撇去汤面浮油，再将肉丝放回汤中，加入海米、口蘑（水发后）、竹笋（切成粗1.5毫米、长3厘米的丝）、葱花和鲜姜，煮10分钟后放入酱油和盐，用水淀粉勾芡，芡熟时泼入鸡蛋液（事先将鸡蛋磕入碗内打匀），待鸡蛋片飘起时卤即打好。

把煮好的面条盛在五个大碗内，浇上卤，即可食用。

炸酱拌面

猪肉（肥肉、瘦肉各一半）400克，黄酱200克，大葱、鲜姜各30克，海米50克，油50克。

炒锅内倒入油（50克），烧热后放入猪肉丁（将肥肉和瘦肉分别切成6毫米大的丁）和海米，煸约1分钟，再投入葱花和姜末，放入黄酱，加入少许水，炒匀后用小火煨至油浮出酱面时即成。

把煮好的面条控净汤，盛入五个碗内，撒上黄瓜丝或萝卜丝，浇上刚炸得的酱，用筷子拌匀即可食用。

虾仁炒面

鲜虾仁（去皮除掉内脏者）100克，竹笋丝100克，葱花、鲜姜丝各25克，酱油40克，香油15克，鸡汤200克。

将香油（15克）倒入锅内，烧热后投入葱花和鲜姜丝，稍煸后放入鲜虾仁，翻炒数下，倒入酱油和竹笋丝[1]，稍炒后倒入鸡汤，再将煮过的面条[2]（注意控净汤）倒入锅内，用筷子拌匀，改用小火，待汤汁将尽时即可将虾仁面条分盛在五个盘内。

三鲜炒面

鲜鸡肉100克，切成粗3毫米、长3厘米的丝，海参水发后切成粗3毫米、长3厘米的丝[3]，鲜虾仁[4]（去皮除掉内脏者），葱和鲜姜分别切成丝（各25克），竹笋切成细3毫米、长3厘米的丝[5]，油50克，酱油50克，鸡汤10克。

炒锅内倒入油（50克），烧热后投入葱丝和姜丝，煸出香味时放入鸡丝，稍炒后倒入酱油，翻炒数下，再加入虾仁、海参丝和竹笋丝，同时倒入鸡汤，烧开后下入煮过的面条（注意控净汤），盖上锅盖，用小火煨至汤汁尽时即可将炒面分盛在五个盘内，上桌供膳。

蒸食类

蒸食是用面粉做的一类点心的统称，其做法看起来和西餐中的面包一样，而实际上是完全不同的。中国各地虽然都有这类点心，

---

[1] 日文版此处将竹笋丝漏掉，现据上文补。
[2] 日文版原文如此。一般炒面用的面条是蒸的。
[3] 日文版此处无用量。
[4] 同上。
[5] 同上。

但由于北方盛产小麦，蒸食多作为主食，所以北方蒸食的做法相当发达。

在宫廷中，御膳房专设有"点心局"。在点心局所做的点心中，蒸食是一类主要的点心。现分两点来谈蒸食的做法。

发酵面团的做法

中国的这种发酵面团做法的目的和西餐面包的做法目的一样，都是为了使面团软乎乎地膨胀起来，但二者用的却是两种完全不同的方法。中国的发酵面团是用小苏打加水稍澥开后掺入面粉中做成的。

将面粉加水（面量的五分之一[1]）和匀揉透后，放在 37℃—38℃的地方，过一昼夜后，当面团膨起有酸味时，加入浓度为 35% 的碱水，揉匀即可使用。

作为点心的蒸食

用上述发酵面团可以做出多种多样的点心，在宫廷中这类点心不下数百种，因此一一加以介绍是不可能的，这里只介绍家庭能够做的几种。

馒 首

将饧好的发酵面团（约 400 克）分成十等份，再将每个剂儿揉成直径为 7 厘米、高 5 厘米的圆馒首。

锅内倒入水（锅容量的三分之一），用大火烧开，将屉布弄湿铺在笼屉上，再将馒首码在屉布上，盖上屉帽，蒸约 30 分钟即可供膳。

花 卷

将饧好的发酵面团（约 400 克）用面杖擀开，再卷成长棒状，

---

[1] 日文版原文如此。从发酵面团的和面实际操作来看，水至少应是面量的五分之二。

用刀剁成十等份，再用双手将每份翻拢成花卷，码入笼内，蒸约30分钟即可供膳。

蒸 饼

将饧好的发酵面团（450克）用面杖擀成大薄片，往上面倒点儿油，用手将油抹匀，接着用刀划切口，再折叠成三角形，最后用面杖将三角形（饼）擀到1.5厘米厚，上笼蒸熟后用刀切开，即可食用。

银丝卷

将饧好的发酵面团（400克）分成四块，把其中的一块再分成十块，每块用面杖擀成厚2毫米、直径为9厘米的圆薄片。

把剩下的三大块面团用面杖擀成大薄片，用刀切成条，像"拉面"那样用双手将每根面条抻细，掸上少许面粉。

圆薄片面上刷上油，包入抻好的面丝，即成银丝卷。蒸熟即可食用。

包 子

将饧好的发酵面团（200克）分成十个剂儿，用面杖将每个剂儿擀成厚3毫米、直径为3.5厘米的圆片，每片抹上馅，用手包好，上笼蒸熟。

包子内所放的馅有三鲜和蟹肉的两种，其做法可参照前面介绍的方法。

三 角

将饧好的发酵面团（400克）分成十块，每块用面杖擀成厚3毫米的薄片，每片可抹上各种各样的馅，然后捏成三角状，上笼蒸熟即成。

下面介绍一种甜味的"水晶馅"的制法：

朱漆描金花果纹海棠式食盒

（乾隆）仿石釉开光粉彩人物纹盖盒

把荤油（150克）和白糖（50克）放到一起搅匀，再掺入适量的淀粉、面粉和米粉，搅匀后即可。

粥　类

这也是中国特有的食品。在宫廷中，每餐后必喝点儿粥已成习俗。还有在身体不舒服的时候喝点儿粥，也容易消化。宫廷粥的品种很多，这里只介绍五种：红豆粥、绿豆粥、荷叶粥、小米粥、腊八粥。

红豆粥

（五人份）

这是在春天和冬天食用的粥品。

将大米（400克）淘净，倒入粥锅中，加入清水（米量的五倍），用小火熬约2小时[1]。

把红小豆（200克）用水冲净，倒入另一粥锅中，加入清水（豆量的二倍），用小火熬1个半小时。

把熬好的米粥倒入红豆粥锅中，用勺搅匀，再用小火熬20分钟，即可供膳。

食用时，可加入白糖，也可佐以小菜。

绿豆粥

（五人份）

这是在夏季和秋季食用的粥品。

将大米（400克）用水淘净，倒入粥锅中，加入清水（米量的五倍），用大火熬约1小时。

---

[1]　日文版原文如此。后面的绿豆粥同样用量的大米是"用大火熬约1小时"。

把绿豆（100 克）用水冲净，放入另一锅中，加入清水（豆量的二倍），用小火熬 1 小时。

将熬好的米粥倒入绿豆锅中，用勺搅匀，再用小火熬 20 分钟。

荷叶粥

这是用莲子和荷叶熬的粥。

糯米 400 克，荷叶（柔软的）5 ～ 6 张，莲子（糖渍者）30 粒，白糖。

先将糯米用水浸泡 2 小时，糖渍莲子用清水煮 2 小时 [1]。

粥锅内倒入糯米和莲子，加入清水（以刚没过米为度），用小火将粥熬开后，放入洗净的荷叶，见粥色翠绿并散发出清新的荷香时立即将荷叶取出 [2]，再将糯米熬至软糯为止。食用时将粥盛入小碗内，撒上白糖。

荷叶在粥内放的时间过长，好容易得来的翠绿的粥色会马上变成茶色，这种荷叶粥是不合乎要求的次品，因此制作时要注意这一点。

小米粥

（五人份）

这是中国乡村的粥品，后来传入宫廷，北京人也十分喜欢喝这种粥。

小米 400 克（中国出产的一种谷物，做这种粥要用新鲜的带黏性的小黄米），用清水洗净，倒入锅中，加入清水，用大火熬 1 小时，加入浓度为 35% 的盐水 [3] 再熬 20 分钟即可供膳。食用时撒

---

[1]　日文版原文如此。糖渍莲子煮的时间过长。

[2]　日文版原文如此。一般是在粥熬熟时将荷叶盖在粥面。

[3]　日文版原文如此。疑为碱水之误。

（光绪）粉彩龙凤纹盖碗

上白糖和红糖。

腊八粥

用 8 种食物熬成的粥（十人份）

每年农历十二月初八（这天叫"腊八"，据说释迦牟尼在这天得道成佛，要熬粥敬佛），在北方有做这种粥的习俗，在宫廷中也有这种习尚，但其做法却相当复杂。

大米 400 克，淘净后放入小锅内，加入清水（米量的五倍），熬 1 小时。

红小豆 400 克，淘净后放入小锅内，加入清水（豆量的二倍），熬 1 个半小时。

小枣 200 克，洗净后放入小锅内，加入清水（枣量的二倍），煮 1 小时。

薏仁米 100 克，冲净后放入小锅内，加入清水（米量的二倍），煮 1 小时。

糯米 200 克，淘净后放入小锅内，加入清水（米量的五倍），熬 1 小时。

莲子 50 克，洗净后放入小锅内，加入清水（莲子量的五倍），煮 1 个半小时。

百合 50 克，洗净后放入小锅内，加入清水（百合量的二倍），煮约 20 分钟。

以上各料分别煮（熬）好后，再倒入一个大锅内，加入葡萄干（50 克）、青梅（50 克）和清水（总料量的四分之一），用勺搅匀，用小火熬 30 分钟。

食用时把粥盛到碗里，粥面上码上核桃仁（核桃去壳，用开水将仁浸泡 10 分钟，再剥去仁皮）、西瓜子（去掉皮）、山楂（每个切成四瓣），再撒上白糖。

饼 类

中国的"饼"和西方的面包是非常相似的，然而面包在西方是作为主食，而中国的饼有时是作为主食，有时又作为点心。从地域来看，北方盛产面粉，所以北方人十分喜欢面食，饼也就成为北方人的主食。而南方以米为主食，故而饼就作为点心了。

在宫廷中，每逢皇帝进餐都要准备数种点心，其中饼是每日必备的点心。这些宫廷饼品种繁多制作精巧，远非常人所能仿制得了的，因此我在这里只介绍四种最容易做的宫廷饼类面点。

家常饼（意即家庭经常做的饼）

葱花饼（放入葱花的饼）

春饼（放入猪脂油的饼）

萝卜丝饼（放入萝卜、海米和葱的饼）

家常饼[1]

做家常饼所用的面团与前面介绍的蒸饺子的面团一样，也是用开水和面。

将和好的面团（450克）分成十个剂子，案板上撒上面粉，将每个面剂儿用手揉成丸状，用面杖擀成长片，刷上香油，撒上盐，卷起来，盘成饼坯，用面杖将饼坯擀成直径为9厘米的圆饼。

饼铛上淋入少许油，烧热时放入擀好的饼，用小火两面烙约3分钟即可出铛供食。

葱花饼

（六人份）

所用的面团与蒸饺子的一样，准备450克，纯猪脂油100克，备葱花50克，盐适量。

将猪脂油切成末，放入碗内，与葱花拌匀。

把和好的面团（450克）揪成十二个剂儿，按家常饼的做法将每个剂儿擀成薄片，撒上脂油葱花，再撒上精盐，接着卷成卷儿，封住两端的口，再盘成饼坯，撒上面粉，用面杖将饼坯擀成直径为7.5厘米的饼，最后按家常饼的方法将饼烙熟。

春　饼

立春时的应节面饼。

（五人份）

春饼所用的面团与前面介绍的一样，将和好的面团（450克）分成二十个剂儿，案板上撒上面粉，逐个将每个面剂儿按扁，刷

---

[1]　日文版此饼名称下面无份数。

上油，两两相合，即成十个饼坯，再用面杖将每个饼坯擀成直径为 4 厘米的饼。

铛上淋入少许油，用小火将铛烧热，放入擀好的饼，将两面烙熟后即可出铛。

这种饼非常薄，少烙一会儿为佳，出铛后即可整个食用。

萝卜丝饼

（五人份）

萝卜丝饼所用的面团与前面介绍的一样。

萝卜 50 克，海米 20 克，大葱 30 克，猪油 50 克，精盐适量。

将萝卜洗净擦成丝，放在净布上，包起来榨去汁。

把海米放入开水内，浸泡 20 分钟，再用刀剁成末。

把大葱切成末，放入碗内，加入萝卜丝、海米末、猪油和精盐，用筷子拌匀。

案板上撒上面粉，把和好的面团擀成长片，铺上拌好的萝卜丝等，拌匀后卷起来，再用刀剁成十份，每份用手团圆按扁，擀成直径为 10 厘米的饼。

铛上淋入少许油，烧热后用小火将饼烙熟，每张饼烙约 3 分钟。

其他点心

清朝宫廷的点心品种非常多，一一介绍是不可能的，所以我只介绍了以上五类中最容易做的。还有些划入哪一类也不合适的点心，现在从中选出几种介绍给大家。

（1）元宵

（2）牛油炒面

（3）杏仁茶

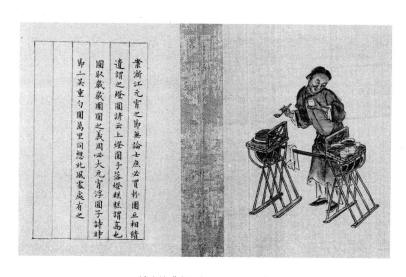

崇浙江元宵之節無論士庶必買粉圓丘相饋

遺謂之燈圓諺云上燈圓子落燈糕糕謂高也

圓取歲歲團圓之義周必大元宵浮圓子詩時

節三吳重勾圓萬里同想此風處處有之

清人绘《太平欢乐图·卖元宵》

（4）芝麻盐茶

（5）奶酪

（6）枣糕

澄沙馅元宵

元宵是北京人在每年农历正月十五晚上所吃的一种点心，民间都吃，更不用说宫廷了。每年临近正月十五元宵节，北京的各家点心铺都卖元宵，有的家庭还自己做元宵。在宫廷中，按照惯例是由御膳房做。

元宵的品种与称谓，全由馅心来定，像"澄沙馅元宵""枣泥馅元宵"等。

红小豆（100克）洗净后放入锅里，加入清水（豆量的二倍），用小火煮烂，再倒入盆内，用面杖将豆捣成泥。

将净猪油倒入擦亮的锅内，上火烧热，把锅从火上撤下来，倒入豆泥，用勺将猪油与豆泥搅匀，再放入白糖（50克），搅匀后晾凉。

面板上撒少许淀粉，把晾凉的豆馅放到面板上，搓成粗1.5厘米的长条，再用刀切成1.5厘米见方的块，把馅块放在盘子里，放1天使其变硬。

把糯米粉（900克）倒进木盆内，把馅块蘸上水，投进糯米粉盆内，然后双手摇盆，使馅块滚上糯米粉，再蘸上水，双手摇盆，再次滚上糯米粉，如此反复五六次，直至摇成直径为3厘米的元宵为止。

大锅内倒入水，用大火烧开，放入元宵，煮约2分钟，汤开时添入少许清水，再开时即可捞出供膳。

在宫廷中，每碗盛入五个元宵，每人一碗。

山楂馅元宵

按照澄沙馅元宵的做法，将山楂（200 克）做成 1.5 厘米见方的馅，再摇成元宵。

枣泥馅元宵

将枣（400 克）洗净，倒入锅内，加入清水，煮 30 分钟，出锅晾凉，然后除去皮、核，放入盆内，用面杖捣成泥，加入白糖（30克），搅匀。

将净猪油放入锅内，烧热后倒入枣泥，搅匀晾凉打成馅，再按前面介绍的方法摇成元宵。

牛油炒面

这是成吉思汗时代的阵地餐食，后来传入宫廷，不久又传入北京民间，其做法非常简单。

面粉 450 克，西瓜子 50 克，核桃仁 50 克，芝麻 100 克，白糖 100 克，牛油 100 克。

将牛油（100 克）放入锅内，上火化开后将锅从火上撤下来，倒入面粉、核桃仁、西瓜子（去皮）、芝麻和白糖，再将锅移到火上，用小火反复翻炒，见面粉变成浅褐色时即可出锅。

吃的时候，往碗里舀上三四匙，浇上滚开的水，搅匀后即可食用，吃来别有风味。

杏仁茶

这也是北京的民间食品，小贩们从很早的时候起便在街头叫卖。在宫廷中，这种点心也是由御膳房的点心局来做。

干杏仁（不能用苦的）200 克，大米 400 克，白糖 100 克。

用开水将干杏仁泡 20 分钟，然后剥去皮，和大米放在一起，加入清水（米量的五倍），浸泡 8 小时。

（乾隆）掐丝珐琅冰箱

　　将泡好的杏仁和大米逐勺舀在小石磨上，边磨边添水，即得杏仁浆。

　　将杏仁浆舀入锅中，上火熬约30分钟，调入白糖，盛入碗中，即可饮用。

面　茶

　　这也是中国民间的一种点心，后来传入宫廷，其做法非常简单。

　　将糜子面（200克）放入锅中，倒入水（面量的三倍），熬约5分钟，熬到糊状即成。

　　将熬好的面茶舀入碗中，淋入芝麻酱，撒上精盐[1]，即可食用。

　　这种点心虽然做法很简单，却非常有风味。

果子干

　　这是用干果做的夏令点心。

----

[1] 日文版原文如此。但面茶一般是撒芝麻盐（焙好晾凉的白芝麻一半整粒一半碾碎与精盐拌匀）。

每年一到夏天，北京城处处都有卖果子干的。在宫廷中，也有夏季吃果子干的习尚。御膳房点心局做的果子干，专供帝后享用，其做法非常简单。

柿饼（400克）洗净后，用刀切成厚1.5毫米、宽1.5厘米、长3厘米的薄片。再将柿饼片放入锅中，倒入清水（与柿饼同量），用小火煮20分钟。

将小枣[1]（50克）洗净，放入另一锅中，倒入清水（枣量的一倍），煮30分钟。

将鲜嫩藕（100克）洗净，切成厚1.5毫米、宽1.5厘米、长3厘米的薄片。

把煮好的小枣、柿饼片和藕片放到一块儿，用筷子拌匀，调入玫瑰露（20克）和白糖（30克），拌匀后放入冰箱中镇凉，吃的时候拨入小碗中。

用以上原料做成的果子干，可供十人食用。

枣　糕

这也是夏令点心，虽然宫廷与民间都做，但宫廷的做法比民间的复杂。比如原料中所用的红枣，民间的不剥皮，而宫廷的则只用枣肉。

将枣（40克）洗净后放锅中，加入清水（与枣同量），煮约30分钟。出锅晾凉后用手逐个剥去枣皮，再用筷子将枣肉搅成泥。

把屉放到蒸锅上，锅内倒入三分之一的水，烧开后铺上屉布，撒上糯米粉，厚约1.5厘米，再把枣泥舀在糯米粉上，厚约6毫米，

[1]　日文版原文如此。但北京民间的果子干一般以柿饼、杏干和藕片拌入桂花汁配制而成。

上面再撒上 1.5 厘米厚的糯米粉，再舀上一层枣泥，撒一层糯米粉，就这样共撒四层（糯米粉总量为 450 克），约厚 6 厘米，然后盖上屉帽，蒸约 30 分钟。出笼晾凉，将枣糕放入冰箱。食用时取出切块，放在碟内，撒上白糖。

宫廷小菜

小菜概说

小菜在中国饭菜中是一类起着调剂口味作用的食品，当中国饭菜过于油腻或略显清淡而要求有刺激性的食物时，这类食品便应运而生，在进餐中起着增强食欲的作用。另外，像味道清淡的粥啦，甜味食品啦，馒头啦等，也都要佐以这类小菜来食用。总之，这类食品能刺激味觉增强食欲，它虽不是正式的菜肴，味别也不复杂，但却极富刺激性。

酱小菜中的大部分是用蔬菜制作的，有咸味的、酸味的和甜味的，但主要的是富于刺激性的味道。

酱小菜的分布非常广泛，在中国无论你走到哪里，都可以吃到酱小菜。其中，最发达的地方是苏州、扬州、湖南、四川和北京。这些地方的小菜品种多、最著名，并出版了专门的书籍。

北京的酱小菜为当地人所喜食，北京人吃酱菜一般是到酱菜

《乾隆帝行乐图》中捧食盒的太监

园去买，极少有自己做自己吃的家庭。北京的老住户大都知道北京有哪些出名的酱菜、哪家酱园的小菜好、有什么特色等。例如"酱黄瓜"数铁门的最好，"酱萝卜"以后门外大葫芦家的最有名。总而言之，每样小菜都有特色，这也是古都风情和北京人感到有趣的地方吧。

酱小菜虽然是用蔬菜制作的，但是一次要做很多，而且腌渍的时间也特别长，所以普通家庭一般不自己做，而到有名的酱菜园去买。

在宫廷中，每逢进餐便随有酱小菜，这种饮食习俗也传到"满洲宫廷"，并一直被保持着。我有时向宫廷的御厨师打听，宫中所用的酱小菜是从外面买来的还是自己做的？据他们说，当年清朝宫廷的酱小菜，是归御膳房的"素局"管理，并有专门的制作场所，宫中四季所做的酱小菜大约有 250 种，北京有名的酱小菜都是从宫廷传出去的。因为我对"满洲宫廷"所用的各种酱小菜非常感兴趣，所以现在我把御厨师教给我的几样宫廷小菜介绍给大家。

五香萝卜干

青白萝卜不拘多少，都要直径为 3 厘米、长 15 厘米的，胡萝卜多少与青白萝卜一样。用刀把每根萝卜切成四瓣，码在木盆里，放在日光下曝晒。待萝卜条失去水分时，撒上盐，仍放在日光下晒。然后撒上五香粉，将萝卜条放入瓮中，盖严，过一个月打开。

食用时，将萝卜条洗净，用开水泡 20 分钟。泡软后，用刀切成粗 3 毫米、长 3 厘米的丝，放入碟内，淋入香油和醋，拌匀即可。

酱萝卜

选直径为 1.5 厘米的萝卜，用清水洗净后放入大盘中，拿到日光下晒至半干。

瓮内倒入黄酱（半瓮），加入白糖（230 克），搅匀后放入萝卜，用酱将萝卜完全腌起来，盖严，过两个月以后启盖食用。

食用时，将萝卜用水冲净，切成 1.5 毫米见方的末，盛入碟内。

泡 菜

锅内倒入水（泡菜坛容量的三分之二），加入精盐（水量的三分之一），上火将水烧开，当盐化开后，将水倒入泡菜坛中。

将白菜、胡萝卜、扁豆和红辣椒等分别用清水洗净，榨去各样菜的水分，然后放入泡菜坛中，盖严，过一个星期即可食用。

食用时，将泡菜取出，不用冲洗，用刀切碎，盛入碟内。

暴腌白菜

将白菜洗净，用刀切成 3 厘米大的象眼块，再用水冲净，放到净布上，包起来，用手榨去水分，然后放入盘内，加入花椒（50 克）、精盐（100 克），拌匀后倒入坛中，腌一昼夜即可食用。

吃时，将白菜放入碟内，不用洗，淋入香油和醋，拌匀即可。

咸鸭蛋

把盐水（和泡菜盐水的制法一样）倒入坛中，下入适量的鸭蛋，腌五周即可。

食用时，从坛中取出鸭蛋，放入锅中，加入清水，煮 20 分钟。

然后剥去蛋皮，每个切成四瓣，码在碟内。

承德避暑山庄的回忆

昭和十六年（1941）冬天，我和在军官学校做教官的丈夫打算在假期到葫芦岛附近的锦州去旅行。

由于这里是离宫的预定地，将来皇帝到这里来的时候也许就得跟着一起来，所以我们想可以在离宫附近买些地准备着，于是我们决定到那里去看看。

既然要去，应该顺道再向山海关附近的承德宫（原注：清朝的离宫）方向走走，以便追寻一下当年乾隆帝狩猎时的情景。

我们把行李全部附上管家的名签留了下来，二人只身在夜间从"新京"[1]火车站出发了。

锦州的离宫预定地很像日本的热海，海上的暖流送来融融暖

---

[1] 新京：今吉林省长春市，当时为伪满洲国都城。

《乾隆帝一箭射双鹿图》

意，而且还有温泉。在我们下榻的宾馆附近，温泉被引入室内，有伤兵们栽培的葡萄等各种各样的水果。那里好像正在建医院，身着白色衣服的人们似乎在散步。

宾馆的主人告诉我们，在预定地向正下方望去可以看到大海，而且从院子里可以直接走向大海。与我们同行的向导是新京宝山百货店的人，他以很低的价格买了很大一片地，准备将来在这里建高尔夫球场。

面向大海晾晒着一些衣物，像是日本人的，所以我们就想上去问问，这里也有日本人吗？然而得到的回答却是："内地渔村曾举村迁移过来，以前打鱼的人已经不在了，可是现在却有人说可以钓鱼啰！鱼的味道一般，谈不上多么好吃。"的确，因为中国人不大吃鱼，所以从渔民的角度想恐怕是很难受的。

我们还听说人们捞文蛤，数量大得令人难以想象。

据说"满洲国"总务长官 H 氏在离开"满洲"的时候，以退休金 30 万日元（当时的价格）买了这附近的山。"将来价格肯定会上涨的，他可是个聪明人哪，"有人笑着说，并向我们推荐，"现在买下来，只合一坪[1] 2 日元呀。"

大臣们考虑将来要陪同皇帝到这儿来，所以大都在这一带买了地，而我们并没有打算多买，在与人交谈中只是说，有个一百坪也就足够了。因为这里是"满洲"的农民们赖以生存的土地……

在此顺便说一下，我们在这里既没有别墅和其他的财产，也没有看门人，房子是从日本运来的折叠式的活动房，而且我提议

[1] 一坪：日制一坪为 3.3057 平方米。

只是在夏天才支起来，溥仪皇帝对此非常感兴趣，他自己也想住那样的房子，过过不用人辅佐的日子，于是立即提出让人从东京送商品目录来。

我试着问那么在哪里放这个房子呢？回答是就在"新京"的宫廷内苑里，有个二三坪的地方就可以，马上就办。我想如果真是那样做，有人会出来干涉，受责怪的是我。但反复想过之后，我想因为是皇帝说的，那就向东京订货吧。即使是在东京，有的东西也只会流行一时。这点我是清楚的。

由于没有看到厨房等地方，所以就说"要是有厨房该多好，那样就可以看着菜谱做菜了"，即使是像小孩子做饭玩似的也是很快活的。但是等了很长时间，一直没有收到从东京要的商品目录。

不知道是因为没有商品目录，还是觉得从东京寄来太费事，最终快乐的梦想破灭了。对此我至今仍感到十分歉疚。

我们从锦州一乘上去承德的火车，很快就与坐在前面的绅士聊起来。当我们说起"要到承德去时"，那位绅士热情地对我们说："我也去承德，有什么要帮忙的就请讲。"

每当火车到站时，他总会问我们有没有需要的食物什么的，我给你们去买吧，他还满面笑容地说："中国服装特别适合你呀。"我觉得有些奇怪，我想起在女子学院上学时在哪本妇女杂志上看到过，于是我默默地没有作答。

还有一个人，另外一个不认识的人，也和我们同席。我们之所以同他认识了，是因为想到了承德后还要请他多关照。刚才提到的那位绅士或许感到了什么，就不再说什么了。一到站，那绅士马上说，有好旅馆，我帮你们把行李运走，说完便把行

冷枚《避暑山庄图》

李装上车并上了车。他对司机小声说了些什么，然后催促着让快一点，我没好意思打断他，就在司机的带领下来到了一家旅馆。我们刚在旅馆住下，突然一个中国人来访，说是明天在喇嘛寺可以看喇嘛跳舞，请我们光临。我先生说，可是我们原本是要去承德宫的。那人说，后天带你们去承德宫，明天无论如何还是去喇嘛寺吧，请殿下观赏一下传统的喇嘛舞蹈："僧侣们精神振奋地期待着你们的到来，如果你们不去，我就太没面子了。"我想是不是要和先前提到的那位绅士说一下，但又一想不能辜负人家的厚意，就这样当时和那人约定去喇嘛寺，这下他高兴地走了。

想不到那天夜里我开始腹泻，根本无法入睡。在隔壁房间以及隔壁的隔壁，电灯通亮，人们来来往往地去卫生间，脸上呈现出痛苦的表情。

第二天一早，我们托旅馆的人买了些止泻的药，厨师战战兢兢地对我们说，各个房间的人都一样，面色苍白，看来昨天的晚餐中肯定是有什么不好的东西，说完他急忙出去给我们买来健胃固肠丸。因为我丈夫在外面吃饭时总会服用木馏油（杂酚油）丸，所以只有他一个人还是活蹦乱跳的。

接下来的一整天我都在旅馆里，特意安排的喇嘛舞表演也没能去看。我丈夫则按照约定由中国人（省政府人员）带着出去了，他回来后不无遗憾地对我说，真是应该去看一看。

第二天，到了要去承德宫的时候，我想不能错过这个机会，便摇摇晃晃地上了车。因为一点东西也没吃，再加上心情紧张不安吧，身体飘飘然的，走起路来就像是在梦中。

经历了二百年的建筑，原有的鲜亮的朱红色和绿色虽然已

康熙帝御笔"避暑山庄"匾

避暑山庄的主殿澹泊敬诚殿

经失去不少，却仍与周围博大的景色融为一体，安详而沉稳，真是漂亮。这里的建筑像日本皇宫那样，全都有雕刻，建筑之间由走廊连接，而走廊的下面是连续不断的、长长的、弯弯曲曲的栏杆。解说员讲解时我在想，要是带着写生簿来就好了。后悔之余，我一直凝视着眼前的景色，想到了奈良的春日山……

身在广阔的旷野中，其感受既可以用沉静又可以用优雅这样的词来形容。当来到一座陈旧而又荒废的建筑物前时，向导感叹道，这里曾是存放大量经书的地方，蒙文大藏经也曾放在这里，可是这些经书却在一次次的动乱中丢失了。还有一座建筑，有三尊金佛像被日本兵盗走了。在这间房里有嵌入翡翠的屏风，屏风上用翡翠雕成的鸟和花被日本人摘走了，上面仍留着残存的窟窿。我对这些冷酷无情的人，痛恨之心油然而生。哪个国家都这样吗？在战争中掠夺是免不了的吗？很久以前，人们精心制作的无价艺术品，如今却遭到残酷破坏，真是令人痛心。

记得我丈夫曾经对我说过康熙大帝和乾隆皇帝带领皇子们狩猎和对蒙古的怀柔政策等，对于这么博大的包容力和魄力，我是非常钦佩的。

但是一想起西太后初次坐火车、凭借权力进行奢华之旅到承德行宫时，怕将外甥即可怜的光绪皇帝留在京城会发生政变而感到不安，真是自家人争斗把秘密藏在心里，心中顿时又感到有些郁闷。表面上还有几分华贵，却看不到几乎崩溃的国家的未来，促使人们必须认真思考依靠权力的政治的末路。

第二天，从别处的喇嘛寺又来了一些人，邀请我们务必去，

普宁寺，这是承德外八庙中喇嘛最多、香火最盛的一座寺院

这次我们精神饱满地出发了。到了喇嘛寺，大法师出来了，并在二层做介绍，其间僧人双手举着具有蒙古风味特色的茶进来，接着叠起像日本从前有过的一些纸，然后与送来的各种点心放在一起。

一位僧人告诉我们，为了把茶水烧开，他们把羊粪晾干做燃料，他边说边向我们打开前面走廊的大门，往里一看，里面好像是个内院，院里有一个三面围起来的场地。这里，一群身穿各种颜色衣服的人戴着假面具向我们走来，其中一些人将乐器摆在桌上，奏乐的人在那里排成一行，有的敲起像小钟那样的东西，有的弹着有三四根弦的胡琴似的乐器，他们很投入地进行合奏，乐音奇妙，就这样他们演给我们看。

其间，主人端上茶点来招待，茶一喝就有一股怪怪的土腥味，真是难以下咽。点心有羊奶制成的奶酪，味道非常好。蒙古王公新年来到"新京"进宫的时候，常常将这些吃的也送到我们住的地方，我们是吃过的，而且我丈夫非常喜欢，有时还会托到东京的人送到宫内府。

日本的歌舞伎类似中国的京剧，尽管我不懂其中的故事情节，怎么个好法也不太清楚，但它们却是那个国家长期流传下来的文化遗产，我深信这些东西会永远传承下去。

在寺庙大门的出口处，我们遇到了一位脖子上长着大瘤子的人和一位面颊肿起来的人，于是问向导："这是怎么回事？"我们得到的解释是："可能是因为这一带水质有问题而患上的地方病，而且没有药。"

这位做向导的中国人还向我们介绍说："这里种罂粟，这些罂粟还被制成鸦片，日本军从中索取利益。可我们中国人的身体却遭到了损害。请想一想鸦片战争的时候吧！"说到这里，平时埋藏在他心中的愤怒顿时暴发出来。

在这次旅行中，我听到、看到了平时想象不到的事情，现在想起来觉得这次去承德宫是非常有意义的。

爱新觉罗·浩女士与中国烹调

◎ 马迟伯昌

我第一次见到爱新觉罗·溥杰先生和浩女士夫妇，是在1976年中日邦交恢复之后不久，他们二位来访日本的时候。

当年在我的住所，曾有机会设晚宴招待日本皇室诸位殿下和溥杰夫妇。因为是私人宴请，谈话兴致高涨。当时那种欢乐的情景给我留下了深深的记忆，至今想起来仍激荡在我的脑海里。

印象中浩女士的丈夫溥杰先生一到日本来，似乎总会到住在西宫的二女儿嫮生女士那里逗留，而每次都要到住在芦屋的我的女儿家中串门。一来二去溥杰夫妇便把其长女慧生女士名字中的一个字赠予了我的女儿，我的女儿就取了"慧君"这个名字。总之，他们对我们非常亲热。

就这样我们时而见面。大约20年后的1995年，我在北京八宝山参加了溥杰先生的葬礼。那是个悲伤离别的日子，我的心中又铭刻了一道历史的痕迹。

最近，从爱新觉罗·浩女士的孩子嫮生女士那里看到了其母亲写的料理书的手稿。那是用钢笔写在粗糙的纸上的非常秀美的文字，整整齐齐，仔仔细细。从王妃到一位市民，从"满洲宫廷"料理到百姓的中国料理，能写出富有新意的书来，人们从中可以体会到她付出的辛勤劳动。

看得出浩女士从菜单到菜品制作方法都进行了细致的研究，她满怀日中友好文化交流的希望写下了这部书，对此我从心里感到敬佩。

拜读手稿时，看到"回到中国后"里记载着松花江出产的"鳇鱼"（也叫"白鱼"）的事，那里面有我难以忘却的记忆。在我和弟弟在日本留学的年代，作为冬季致辞，父亲在向尾崎行雄元老奉送白鱼的时候，曾附上《献上白鱼一尾》一文。后来听说尾崎元老不知松花江的白鱼有多大，他想的是日本的一条白鱼，在鱼的大小差异上还闹出了笑话。

这次承蒙浩女士的弟弟嵯峨公元先生和嫮生女士的厚意，学生社要增订出版这部不朽的著作。此时我对这部著作中的料理突然又有了新的认识。

这部著作出版发行后，近40年过去了。其间中国烹调得到了广泛的普及，调味料的名称以及烹调本身都有了一些变化。借这次出版的机会，我把我在36年间的一些积累放入书中。这期间，我还多方请教，也汲取了许多人吃中国菜的经验，对部分食材进行了修改，并对调味料的用量也略做变更。但是浩女士的原稿基本被保留，新版几乎保留了初版的风貌。我感到现在这部著作仍保留着浩女士面对各位读者的那种感觉。

1974 年，溥杰夫妇到日本探亲时，爱新觉罗·浩在宴会上演示烤肉

溥杰夫妇与女儿、女婿及外孙们

爱新觉罗·浩 70 岁寿辰时，北京的亲友前来祝贺

　　能为这次《食在宫廷》的新版献绵薄之力，我感到非常荣幸。
我的丈夫也已长眠在北京爱新觉罗家族的墓地。在丈夫的墓碑上，
镌刻着溥杰先生的弟弟溥任先生手书的"心怀祖国"。在此，我深
表报答溥杰夫妇及各位的恩情之意。

《食在宫廷》不是一本普通的中国宫廷饮食书。

这本书的作者爱新觉罗·浩是中国末代皇帝溥仪的胞弟溥杰先生的夫人。爱新觉罗·浩女士原名嵯峨浩，出身日本名门望族，是嵯峨胜侯爵的女儿。浩女士文化教养深厚，酷爱绘画、书法、烹调，平日喜欢弹钢琴，常在家中做美食与亲友分享。除本书外，浩女士还著有《流浪的王妃》和《流浪王妃昭和史》两本书，均已在20世纪50年代末60年代初出版。这两本书连同《食在宫廷》一起，曾被人誉为浩女士和溥杰先生的爱情三部曲。1988年，电视台曾播出八集电视连续剧《爱新觉罗·浩》，不少观众至今印象深刻。

爱新觉罗·浩女士原本喜欢日本料理，1937年她与溥杰先生结为伉俪后，对中国烹调特别是宫廷烹调又发生了兴趣。为此，她特意将当时的"满洲国"宫廷厨师长、从北京来的清末御厨常荣请到家中，每周一两次，直接向这位御厨学习并作了笔记。与此同时，她也向曾若夫人等清末皇室人士学习皇家菜。就这样，几年间，她学会了数百种中国宫廷美味的做法。这本书中介绍的166种宫廷菜点，就是浩女士向这位晚清御厨和皇室人士学过并会做的这数百种宫廷珍馐的一部分。中国第一历史档案馆中虽然收藏着大量清代帝后膳单，但膳单上绝大多数记载的只是菜点名称而没有用料和做法。而本书中的宫廷菜点的用料和做法，均来自清末御厨的亲授真传，这将有助于我们破译清代宫廷皇室膳单上的菜点奥秘。为便于美食爱好者如法炮制，书中宫廷菜点的用料大多数还标有"10人份"之类的用量。这正如浩女士在书中所言："诸位如果如法炮制出一两样，品味之余，能感到其滋味与一般的中国美味不同，那便是作者的最大幸福了。"

在菜点谱的写作体例上，本书中的这一百多种菜点大部分都有来历、用料、做法、注意事项和食用方式等。比如谈到每个宫廷菜点的来历时，作者在书中明确指出，瓦块鱼是康熙皇帝巡视黄河工程后传入清宫，干烧鱼等菜是由苏州名厨张东官于乾隆年间传入宫廷，豆丝锅烧鸡是江宁陈元龙献给南巡的乾隆皇帝的江南菜等。有些菜还特意点出是当年北京著名饭庄的招牌菜，如东兴楼的红烧玉兰片、砂锅居的白肉、致美斋的腰丁腐皮等，对老字号传统名菜的挖掘也具有文献参考价值。像《食在宫廷》的这种菜谱写作体例，就是在这本书面世半个世纪后的今天也是少见的。

书中有关清朝历史、明清宫廷秘闻等内容，则主要是作者根据两位清末皇室人士的讲述整理而来。而更为重要的是，作者在书中所谈的出书缘起、16年后她和她的女儿与溥杰先生在北京团聚并受到周总理的关怀等内容，字里行间洋溢着作者对溥杰先生、对女儿、对中日两国世代友好的真情。可以说，这本书是爱新觉罗·浩女士和溥杰先生真爱的见证，是这对恩爱夫妻和女儿真心希望中日两国世代友好的见证，也是爱新觉罗·浩女士喜爱中国烹调、向日本民众推介中国饮食文化的见证。从全书内容来看，这本书早已超越了专业厨师、美食爱好者和学术研究者等读者的界限，是一本难得的融历史文化与实用生活文化于一体的主要叙述清代宫廷饮食文化的名著。

为了读懂日文版的《食在宫廷》，读懂《中国食物史》等日本学者的诸多中国饮食文化专著，并能将这些论著翻译成中文，与更多的国人分享，我从 1980 年 3 月开始，利用近七年的业余时间，先后参加北京人民广播电台的日语广播讲座、在西城日语专科学校等校攻读日语，并在 1987 年 2 月进北京经济学院（首都经贸大学）全日制一年日语强化班深造。

1988 年 6 月，中国食品出版社出版了由溥杰先生题写书名、由我翻译的《食在宫廷》的第一个中文译本。

从 1980 年 12 月 1 日下午在北京出版社金光群先生的帮助下，我在北京灯市口中国书店买到 1961 年由日本妇人画报社出版的日文版《食在宫廷》算起，转眼间已整整 30 年。

感谢宋庆龄基金会的何大章先生、刘颖女士和中国轻工业出版社的高惠京女士，让我能在今年 1 月 29 日上午看到了《食在宫廷》的最新日文版版本——1996 年 6 月 25 日日本学生社初版、2004 年 5 月 20 日由日本学生社再版的《食在宫廷》的增补新版。

1996 年日本学生社的《食在宫廷》增补新版与 1961 年日本妇人画报社的首版相比，全书卷首略去奥野信太郎的序，增加了爱新觉罗·浩女士的女儿福永嫚生的《〈食在宫廷〉与我的母亲》一文，作者的《回到中国后》一文从全书最后移到全书最前面，增补了《承德避暑山庄的回忆》一文和马迟伯昌先生的料理校订，并增加了马迟伯昌先生的《爱新觉罗·浩女士与中国烹调》一文，此外书中一些段落的文字也略有删改。

借这次三联书店出版《食在宫廷》新版中译本的机会，我在逐句比对马迟伯昌料理校订的同时，又对书中的其他部分逐句进行了校订和润色，并对书中涉及的历史、人物和烹调技术等分别做了注释。《〈食在宫廷〉与我的母亲》是何大章先生建议由刘颖女士译，《承德避暑山庄的回忆》和马迟伯昌《爱新觉罗·浩女士与中国烹调》由我的同事舒阳女士译。

这次《食在宫廷》新版中译本能十分顺利地与读者见面，首先要感谢宋庆龄基金会的何大章先生和刘颖女士，是他们在百忙中同在日本的福永嫭生女士取得联系，福永嫭生女士立即回信并从日本寄来《食在宫廷》的日文版最新版本。中国轻工业出版社的领导、法律顾问、版权部和编辑高惠京女士为使本书顺利出版做了大量联系咨询等工作。为使本书能按三联书店的出版计划出版，张从艳和王月两位同事在很短的时间内就将原版书中译本手稿、校对稿打印出来。

在这里要感谢当年我的日语老师富尔良、王玉双、王兆兰、阎振录等诸位教授。感谢我的同事孙淑萍女士，30年前托她丈夫从国外给我买来20世纪80年代初国内还没有的可以随身携带的放录两用机，使得我能在骑车上下班的路上听日语磁带，加快了我的日语学习速度。感谢当年引荐我到溥杰先生家中并请溥杰先生为《食在宫廷》中译本题写书名的艾广富先生和张铁元先生。感谢1988年6月第一个中译本的责任编辑王文光先生和出版社领导当年所做的工作。感谢三联书店的领导和责任编辑罗少强先生为使本书的最终出版所付出的辛勤劳动。

当本书的新版中译本出版之际，爱新觉罗·浩女士和溥杰先生都已作古。作为他们真爱和希望中日两国世代友好见证的新版《食在宫廷》，我深信将会再次受到读者的喜爱。

王仁兴

2010 年 8 月 28 日